纪念版

星空帝国

中国古代星宿揭秘

徐刚 王燕平

著

人民邮电出版社

北京

图书在版编目（CIP）数据

星空帝国：中国古代星宿揭秘：纪念版 / 徐刚，
王燕平著. -- 2版. -- 北京：人民邮电出版社，2021.9
ISBN 978-7-115-56563-1

Ⅰ. ①星… Ⅱ. ①徐… ②王… Ⅲ. ①星座—文化—
中国 Ⅳ. ①P151

中国版本图书馆CIP数据核字（2021）第103992号

内 容 提 要

本书以吟诵中国星象的权威著作《步天歌》为线索，配以作者首创的中国星官形象，通过图解的形式向读者揭示了中国古代星官体系的秘密。书中涵盖了历史典故、诗词歌赋、书画碑拓等中国特有的文化元素，又融合现代天文知识，既饱含文化色彩，又不失科学性、趣味性和生动性，是一部科普与人文相结合的佳作。

◆ 著　　　　　徐　刚　王燕平
　　责任编辑　张天怡
　　责任印制　陈　犇

◆ 人民邮电出版社出版发行　　北京市丰台区成寿寺路 11 号
　　邮编　10016　　电子邮件　315@ptpress.com.cn
　　网址　https://www.ptpress.com.cn
　　鑫艺佳利（天津）印刷有限公司印刷

◆ 开本：787×1092　1/16
　　印张：15.75　　　　　　　　　2021 年 9 月第 2 版
　　字数：339 千字　　　　　　　2025 年 1 月天津第 17 次印刷

定价：169.00 元

读者服务热线：(010)81055410　印装质量热线：(010)81055316
反盗版热线：(010)81055315
广告经营许可证：京东市监广登字 20170147 号

新版序言

　　纵观人类历史，面对浩瀚星空，许多民族都曾创造出属于自己的星座，但只有西方星座和中国星座完整保留至今。然而东西方星座是截然不同的，这是因为它们有着彼此完全不同的文化背景。西方星座源自希腊神话，而中国星座反映中国的社会结构。如今，中国星座受到西方星座的排斥，失去了今人的青睐。那么，基于希腊神话的西方星座真的那么充满魅力吗？

　　让我们再想一想，今人熟悉的猎户座、天蝎座和仙后座，无论我们如何努力，依然很难想象出猎户座的勇士形象，无法从天蝎座群星中勾勒出毒蝎的模样，仙后座更是无法让人联想到美丽的女性。然而，为什么我们只知道这些西方星座呢？原因很简单，因为它被现代天文学所采用。现在，让我们重新品味中国古人创造的恒星世界。他们将星空视为一个帝国，并首先规划了三座巨大的城垣，天帝执掌政务的"太微垣"，皇室居住的"紫微垣"以及百姓买卖商品的"天市垣"。三垣外的星空被划分为二十八宿，它们是月亮每天停留的居所，因为夜空的主宰者是月亮，而不是太阳。所以说，中国星座为我们展现了一幅完整的东方政治图景，看起来非常真实。

　　今天，中国星座已经被许多人遗忘，并且被认为是难以掌握的，但本书对此进行了有趣的解读，本书的书名也非常吸引人。作者以一种巧妙的方式写了一篇没有人尝试过的文章，专门绘制了很多图片，使其易于理解和充满趣味。这是一部少有的杰出作品，包括专家在内的许多人都能够从不同角度获益。书中也提供了中西对照的内容，因此，我非常希望每个学校图书馆和每个有学生的家庭都能够拥有一本。

罗逸星

2021 年 5 月

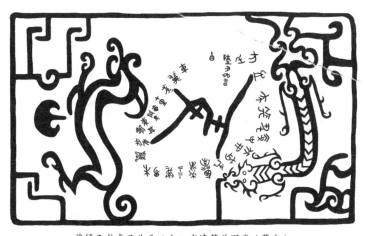

曾侯乙龙虎及北斗二十八宿漆箱盖图案（摹本）

罗逸星，天文学博士

（韩国）延世大学名誉教授，1998 年至今

国际天文联合会（IAU）天文学史委员会委员长，2006 年～2009 年

序言

　　近年来，随着中国传统文化的逐渐升温，中国古代天文特别是有着悠久历史的中国星座越来越引起人们的关注。一些介绍中国星座的科普著作应运而生，我曾出版过几本介绍中国星名起源及其文化内涵的图书，但这些文章和图书都是以文字为主，其中非常重要的中国星座形象却一直是个空白。

　　提到猎户、天蝎、天鹅这些星座，一个生动鲜活的形象就会出现在人们的脑海中，西方星座形象早已深入人心；可是说到中国星官，我们所能联想到的只有枯燥的星点和连线。有人也许会说，这是东西方星座的差异造成的，西方星座是象形的，而中国星座不是。这并非没有道理，但古人观星也是始于星点连成的图案——象，就连"天文"一词的最初含义也是天上的纹理和图案。中国古代也曾有过星座形象，西安交通大学出土的西汉墓星图就是一个例证，汉代的画像砖、画像石中也曾出现过一些生动的星座形象。然而，两汉以降，中国星座形象彻底消失了，从科学上讲这是一个进步。但直观形象对人们的视觉冲击力要远远大于单纯由点和线构成的星图，更能引起人们的关注和兴趣，这一点对面向大众的文化和科学传播无疑是非常重要的。形象化图案也为人们理解星名含义或其中的历史典故提供了快捷途径，设计合理且符合星座连线和特点的图案，对我们认星识星也能提供有益的帮助。

　　徐刚先生敏锐地意识到了这一点，多年来一直致力于中国星官形象的创作，并在此基础上开创性地绘制了两幅中国图案式星图。本书更是将其多年来的工作成果进行了集中展示，相信本书一定能成为天文爱好者和传统文化爱好者认识和欣赏中国星空的有效工具。

陈久金

2016 年 4 月

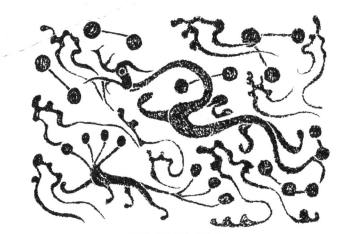

汉代苍龙星象画像石

陈久金

中国科学院自然科学史研究所研究员，1991 年～1997 年任该所副所长

2000 年～2004 年任中国科技史学会副理事长

前言

　　刚刚摆脱蒙昧的人类，敬畏地仰望着浩瀚的星空，将杂乱的星点勾连成他们熟悉的图案，试图以此来解读神秘的宇宙，这些天穹上的图案就是最早的星座。

　　星座并非实际天体，完全是人类精神世界的产物。不同民族设立的星座差别巨大，体现着迥异的民族文化。虽然面对一些显著的星群，不同民族会形成相同或类似的星座划分，历史上各民族的星座也会互相影响，但即使是相同的星座设定，各民族仍会赋予其不同的文化内涵。以北半球最显著的星群之一——北斗七星为例：很多民族都将其视为天上的车乘，古埃及人认为那是伊西斯女神之车；北欧人说它是大神奥丁的战车；中世纪的英国人则称其为亚瑟王的马车；而中国人却将其看作天帝的御用车辇。可以说星空是一面文化的镜子，映射出各民族独特的文化面孔。

　　对国人来说，星座与民族文化的联系尤为紧密。古人在"天人合一"的思想下，将星空世界塑造成了"大一统"的中国社会的翻版，封建社会的帝王百官、市井百姓、皇家宫殿、军事城寨等都被搬到了天上。不仅如此，天上的星座还时刻影响着中国人的生活：政治家仰观天文以察时变，农业生产离不开观象授时，城市规划仿效天官布局，星宿化身为天国诸神，星辰祭祀演变为民间节日，地上的州国与天上的星宿对应，乐师调和音律、大夫行医问诊、将军排兵布阵等，无不渗透着传统天文思想和中国星座的影响。

　　中国传统天文学自明末清初，近现代天文知识传入中国后，已逐渐退出了天文研究领域。目前仅有些中国星名还在沿用，系统的古代星座知识已经很少有人了解。但千百年来传统星座已经成为中华文化的特殊载体，从文化传承的角度，我们非常有必要将中国星空继承下去，本书正是基于这一目的创作的。

　　我学无师承，对古代天文知识的学习完全是兴之所至，知识不成体系。幸好学过几天绘画，2007 年起我借鉴西方古典星图采用图案化的形象来表现中国星官，希望有助于人们了解中国星名含义和其所蕴含的传统文化，算是开了星官形象化的先河。王燕平女士是天文学硕士，长期从事天文科普工作，2012 年，我们在以往合作文章的基础上，补充完善内容，增加、重绘插图，正式开始本书的编写。本书以图说星，各种星官图案、季节星象的表现尚属首次。本书一方面可以作为天文爱好者学习中国星官知识的入门读物，另一方面也为读者打开了了解中国传统文化的一扇新窗口。

最后感谢《中国国家天文》的张超先生在本书策划和编写方面所做的工作。感谢王玉民老师慷慨地允许我们使用他收集的描写中国星官的古代诗词。感谢陈久金、李元、朱进等老师对本书撰写提供的帮助以及已故伊世同先生所赠的星图资料。

由于笔者水平有限，错漏在所难免，敬请各位读者批评指正。

徐刚

丙申季春，于北京

唐代四神十二生肖二十八宿铜镜

目　录

西安交通大学西汉墓星图（徐刚摹本，缺损部分进行了补绘，非严格复原）
此图大约绘制于西汉晚期，图中绘有二十八宿及四象等图案，其中恒星约80颗，是迄今所见最早绘有星象图案的中国星图。

第一章

中国星官概述

夜幕降临，闪烁的繁星仿佛点缀在无垠天幕上的宝石。它们无声无息地日夜运转，周而复始，于纷繁杂乱中显示着寒来暑往的变迁。几千年前，世界各地的先民们不约而同地将目光投向了头顶这片璀璨的星空，肆意地在头脑中将群星勾连，形成一条条星斗阑干的纹路。这种天上的纹路，就是古人所谓的"天文"。如今"天文"二字的含义已经远非这种主观想象的范畴，然而这奇妙的纹路却逐渐形成了"星座"，成为人类文化的特殊载体传承下来，千年之后仍是人们茶余饭后津津乐道的谈资。

星斗初识——诗经中的恒星

一个秋高气爽的傍晚，辛劳了一天的老农终于可以坐在树下享受片刻的安逸。西边正缓缓落下的一颗红色亮星引起了他的注意，老农似乎想起了什么，随口哼唱出"七月流火，九月授衣……"的诗句。这是发生在两千八九百年前西周时期的一幕，老农唱词中的"火"就是那颗正落向西方的恒星"大火"。

像大火这样的亮星总是最先被人们认识，同样特征显著的星群也容易受到人们的关注。淳朴的劳动者们根据这些恒星的特点或星群组成的形状，依据象形的原则，用生活中最熟悉的事物为其认识的第一批恒星命名。除"火"外，《诗经》中出现的参（三星）、毕、昴、定、牵牛、斗、织女、箕等星名，就是最早由民间百姓命名的恒星。

图注：
① 参，即三星，因 3 颗排成一条直线，亮度、间距相等的星而得名。
② 毕，因形状像一种长柄的捕兔或鸟的工具"毕"而得名。
③ 昴，因六七颗星聚在一起而得名，"昴"字有聚集的意思。

诗经中有关恒星的诗句	小雅·大东	豳风·七月

小雅·大东

维天有汉　监亦有光
跂彼织女　终日七襄
虽则七襄　不成报章
睆彼牵牛　不以服箱
东有启明　西有长庚
有捄天毕　载施之行
维南有箕　不可以簸扬
维北有斗　不可以把酒浆
维南有箕　载翕其舌
维北有斗　西柄之揭

小雅·渐渐之石

月离于毕　俾滂沱矣

小雅·巷伯

哆兮侈兮　成是南箕

豳风·七月

七月流火　九月授衣
七月流火　八月萑苇

唐风·绸缪

绸缪束薪　三星在天
绸缪束刍　三星在隅
绸缪束楚　三星在户

小雅·苕之华

牂羊坟首　三星在罶

召南·小星

嘒彼小星　三五在东
嘒彼小星　维参与昴

鄘风·定之方中

定之方中　作于楚宫

④定，为一种农具的名称，4颗星组成的四边形是秋季最显著的星象。
⑤牵牛，与银河对岸的织女相对，是古人男耕女织生活的体现。
⑥斗，为斗宿而非北斗，6颗星组成舀酒的斗状。在箕的北边，与箕对称时也作"北斗"。
⑦织女，夏季夜晚最亮的恒星。
⑧箕，因形似簸箕而得名，在斗宿之南，所以称"南箕"。箕、斗都是日常生活用品。
⑨火，也称"大火"，因其颜色火红而得名。

④　　　　　　　　　　⑤　　⑥⑦⑧　　　⑨

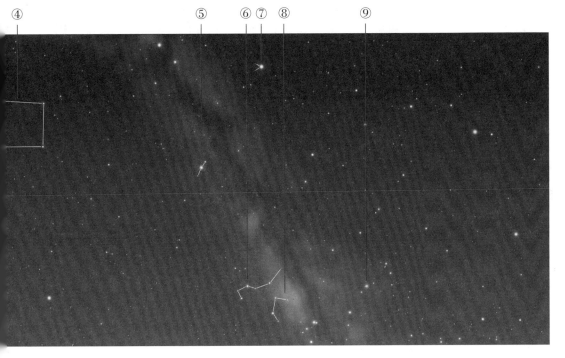

星空帝国——中国星官命名

在认识了亮星和一些显著星群之后，古人的视野逐步扩大到一般恒星。大约在西周时期，中国人便开始对全天恒星进行系统的划分和命名。此时，这项权力属于专业的星占家，他们不再依据象形的原则将恒星勾连成人们熟悉的事物，而是直接从星占的需要出发，设立与命名新的恒星组合，并称之为"星官"（在星占家看来，星星也有尊卑之分，就如同官员的品级有高低一样）。经过春秋、战国至秦汉时期，中国出现了众多的星占流派，其中以战国时魏国的石申（也有学者认为应作石申夫）为代表的石氏和楚国（一说齐国）的甘德为代表的甘氏最为有名。这些派别都有一套进行占验的星官系统，其中有的星官为各派通用，有的则为某派独有。东汉的张衡在其著作《灵宪》中说：全天星官常用的有 124 个，可以叫出名字的有 320 个，共计 2500 颗星。2500 显然是一个大致的数字，因为不同派别间可能存在大量的同星异名，以及星官相互交叉和包含现象，张衡这样的大家也很难统计清楚。但通过这个数字我们仍然可以认为，当时已经将中原地区能观测到的、所有亮于 5.5 等的恒星都纳入了星官体系。西晋初年太史令陈卓将石申、甘德和假托商代巫咸的三家星官整理汇总，形成一个包含 283 个星官、1464 颗星的体系，并绘制星图，史称"陈卓定纪"。此后这些星官为历朝历代所沿用，那些没有被陈卓采纳的星官则被后世遗忘。

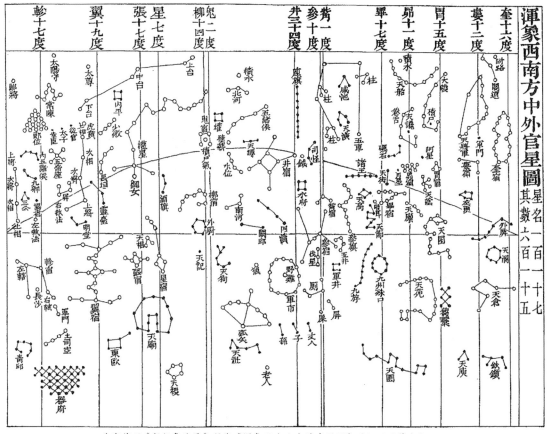

北宋苏颂《新仪象法要》所载《浑象西南方中外官星图》（伊世同摹本）

展开一幅中国星图，我们看到的是一个由天帝统治的星空帝国。这里有帝王将相、后宫嫔妃、宦者仆从、军卒庶民等人物，灵台、离宫、车府、库楼等建筑，田地、沟渠、仓廪、苑牧等农业设施，辇道、天津、附路等交通设施，列肆、帛度等商业设施，箕、斗、杵、臼等日常器物，枪、棒、铁、钺等武器，龟、鳖、鱼、狼等动物，瓠瓜、八谷等植物，雷电、云雨等自然现象，甚至连陵墓、屎厕都被一网打尽。人间帝国的一切几乎都被搬到了星空帝国中。

这种照搬人间万物和封建帝国官吏制度的做法，是出于何种想法呢？追究起来，无外乎中国传统的"天人合一"思想。古人认为地上万物和天上星辰存在密切联系，张衡说："星也者，体生于地，精成于天。"大意是星宿和地上的万物本为一体，万物存在于地上，而"精"在天上就成为星。《说文解字》对"星"字的解释更直接："万物之精，上为列星。"古人命名星官依据的正是这种"天地相通""天人相类"的思想。

"天人合一"的思想并不只是给星官命名这么简单，它在星占中的主要作用是建立起了星官和人间事物的联系。星占家认为天上某个星官出现异常或受到侵犯时，地上与它对应的人或物也将受到影响。这样就达到了通过星象的变动，窥知人间福祸吉凶的目的。比如帝星受到冲撞，那么人间的帝王就可能有性命之忧；如果后妃星出现异样，皇帝的后宫便会发生变故；若将相之星受到侵扰，则预示着将帅大臣仕途坎坷；代表异族的星明亮跳动，就是外族入侵边疆不稳的危险信号；象征农桑的星官明亮，则是五谷丰登的好兆头。

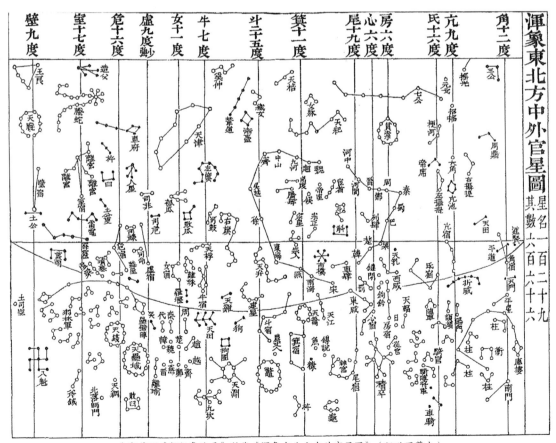

北宋苏颂《新仪象法要》所载《浑象东北方中外官星图》（伊世同摹本）

三垣二十八宿——中国星官体系

中国星官的数量是西方星座的3倍多，如果不进行系统的分类就会显得凌乱。司马迁在《史记·天官书》中将全天星官分为五组，称为"五宫"，北极附近的星官归属中宫，赤道附近的星官分别被划入东、南、西、北四宫。隋唐时期的《丹元子步天歌》将全天星官分归"三垣二十八宿"统辖，此后一直沿用1000余年。

三垣是紫微垣、太微垣和天市垣，这里"垣"是墙垣、城垣的意思。每一垣都有左右两道垣墙环绕，就像是星空帝国中的3座城池。

天市垣

天市垣是天帝直接管理下的天庭贸易市场，垣墙诸星以"魏""赵""河中""河间"等22个中华大地上的诸侯国或地域命名。垣内有"屠肆""列肆""车肆"等商业设施，"斗""斛"等用于称量货物，市场管理中心设在"市楼"。

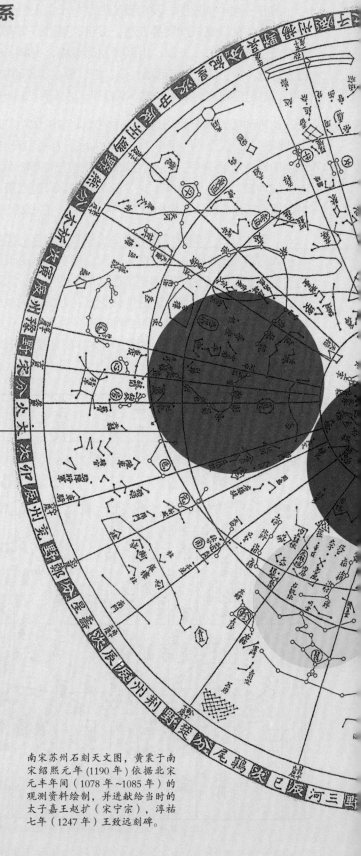

南宋苏州石刻天文图，黄裳于南宋绍熙元年（1190年）依据北宋元丰年间（1078年～1085年）的观测资料绘制，并进献给当时的太子嘉王赵扩（宋宁宗），淳祐七年（1247年）王致远刻碑。

《仪象考成》三垣星官、星数统计

	星官	星数
紫微垣	37	163
太微垣	20	78
天市垣	19	87

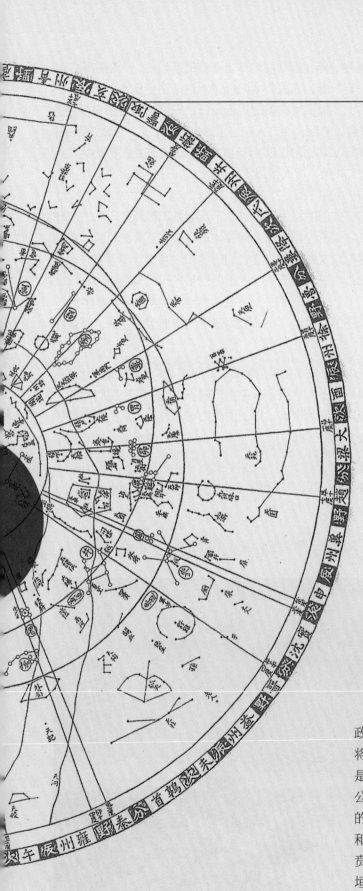

紫微垣

　　紫微垣位于以北天极为中心的拱极星区，由于地球的自转，恒星看起来都在围绕着北天极转动，距离北天极最近的星也就成为天帝的象征。以"帝星"为中心建立起的紫微垣就是天帝居住的宫殿，这里陪伴在帝星左右的是"太子""庶子"以及"后宫"的皇后和嫔妃。"上丞""少丞"等官员组成两道垣墙担负着处理皇家事务与保护皇宫安全的职责，垣墙内"御女""女史""柱史"等随时听候天帝的役使，垣墙内外还有"五帝内座""华盖""天床""天厨"等皇家设施和物品。"北斗"则是天帝的御用车辇，载着天帝巡游四方。

太微垣

　　太微垣是天帝处理政务的天庭最高行政机构所在地。在"上相""次相""上将""次将""执法"等组成的垣墙内，是端坐在"五帝座"上的五方上帝和"三公""九卿""五诸侯"等辅佐天帝议政的大臣。五帝座之后是"太子""从官"和"幸臣"等近臣。负责保卫皇宫的"虎贲""郎将""郎位""常陈"等在太微垣北部待命。

地球绕太阳公转一周为一年，但站在地球上观测的结果是，太阳在星空背景中缓慢移动，一年正好转一圈，古人将太阳经过的这条路径称为"黄道"。月亮及金、木、水、火、土等行星也在黄道附近运行，无论从历法还是星占的角度讲黄道都显得十分重要。所以，西方人在这里为太阳建立了12座宫殿，称为"黄道十二宫"，而中国人却在这附近为月亮修建了28个旅店。因为月亮在恒星背景中走一圈要用27.32天，古人便凑了个整数28，让月亮每晚更换一个休息的地方，这就是"二十八宿（xiù）"，又称"二十八舍"或"二十八星"，"宿"或"舍"都有住宿、停留的意思。不过二十八宿并不像黄道十二宫那样严格地沿黄道鱼贯而行，它们的分布规律、起源地点与时间至今仍是科学史上的谜团，即便是它们的名称含义和演变，学者们仍然知之甚少。不过有一点是确定的，二十八宿在中国古代天文和星占上的重要性是无可比拟的。古人以此为标志观测日月及五星的运行，测定岁时季节甚至揣测年成丰歉、战争胜败、人事祸福等。我们的祖先还创立了以二十八宿为基准的赤道坐标系统，更是中国古代天文的一大特色。

在星官体系中，二十八宿不仅是单独的星官，而且是28个星官组的代表；除三垣以外的所有星官都由二十八宿统领，每宿下辖一个到十几个星官不等。所以，宿的含义有狭义和广义两种理解：狭义的仅指宿本身；广义的则是指每宿及其所辖各星官的集合。为避免歧义，本书将广义的宿称为星组，如角宿星组、亢宿星组等。

二十八宿还被分为东、南、西、北四组，每组七宿，分别如下所述。

东方七宿：角、亢、氐（dī）、房、心、尾、箕。

北方七宿：斗、牛、女、虚、危、室、壁。

二十八宿乃古人为观测月亮在恒星间的运行而设，由于月亮平均每天行经一宿，故可以粗略地预测若干天以后月亮所在的位置。此外，我们还可以依据月亮所在的宿间接推测太阳的位置。

西方七宿：奎、娄、胃、昴、毕、觜（zī）、参（shēn）。

南方七宿：井、鬼、柳、星、张、翼、轸（zhěn）。

这四组星宿又与四种颜色，五种动物形象相匹配，叫作四象、四陆或四神等。对应关系为东方苍龙（亦称青龙），青色；北方玄武（龟蛇），黑色；西方白虎，白色；南方朱雀，红色。

四象的起源与四季星象有关，古人很早就将星象变化与四时交替联系了起来。《尚书·尧典》就记载了依据四组不同恒星于黄昏时出现在正南方的现象来确定季节的方法。大约到了春秋战国时期，四象最终定型。至于为什么是这五种动物形象，有人认为是源于星宿组成的"象"，也有人说是华夏四方先民的图腾崇拜，目前尚无定论。青、黑、白、红四种颜色，源于五行学说五色与五方的对应。

四象的文化影响深远，它们由四方星象发展成为守护天穹与大地四方的神灵，被赋予避邪、禳灾的法力，并逐步渗透到古人生活的方方面面，无论是建筑、军事、风水、宗教等无不受其影响。今天鲜有人知三垣二十八宿，但很多人都能随口说出"左青龙、右白虎"之类的"专业术语"，我们生活中"青龙峡""白虎山""朱雀桥""玄武湖"之类的名称也屡见不鲜。

除中国外，印度、阿拉伯、波斯、埃及都有类似二十八宿的体系。阿拉伯、波斯、埃及的二十八宿源自印度，中印二十八宿亦同出一源，是学者们的共识，但究竟起源于何地有颇多争议。印度二十八宿称"月站"，其首宿初为名称，后改为马师。除二十八宿外，印度更多使用的是去掉无容的二十七宿。印度各宿星数多有变化，不似中国稳定，图中采用的是一种常见星数。各宿译名取自《舍头谏太子二十八宿经》。

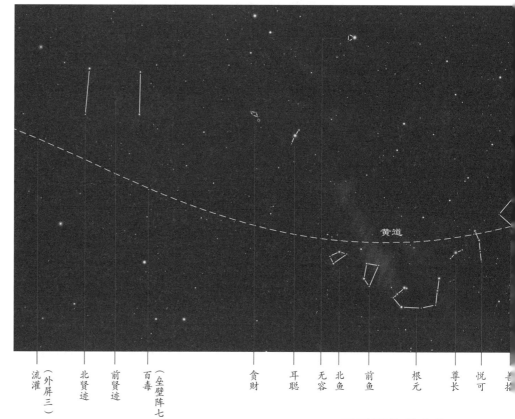

黄道

流灌（外屏三）　北贤迹　前贤迹　百毒（垒壁阵七）　贪财　耳聪　无容　北鱼　前鱼　根元　尊长　悦可　善拒

东方苍龙　南方朱雀

东　南

左后　前右

北　西

北方玄武　西方白虎

至于四象的方位，除了东西南北外，还有《礼记》中"前朱雀而后玄武，左青龙而右白虎"的相对方位。但构成四象的星群是络绎经过南中天的，为什么有东西南北或前后左右的区别呢？这源于先秦时期春分前后黄昏时四象的位置，那时观星者面南而立，前方朱雀七宿振翅翱翔于南天，左边苍龙七宿正昂首跃出东方，右边白虎七宿半个身子已随夕阳没入西方，身后玄武七宿则隐没于北方地平线下。这正是张衡所描述的"苍龙连蜷于左，白虎猛踞于右，朱雀奋翼于前，灵龟圈首于后。"

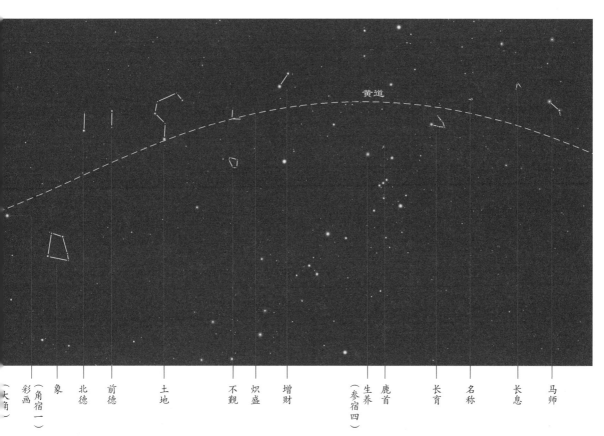

黄道

（大角） 彩画（角宿一） 象 北德 前德 土地 不观 炽盛 增财 生养（参宿四） 鹿首 长育 名称 长息 马师

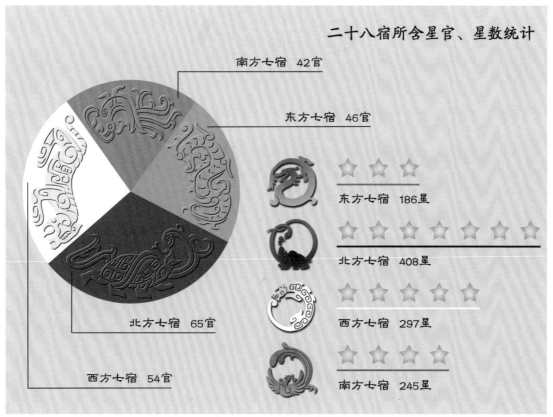

二十八宿所含星官、星数统计

南方七宿 42官

东方七宿 46官

北方七宿 65官

西方七宿 54官

东方七宿 186星

北方七宿 408星

西方七宿 297星

南方七宿 245星

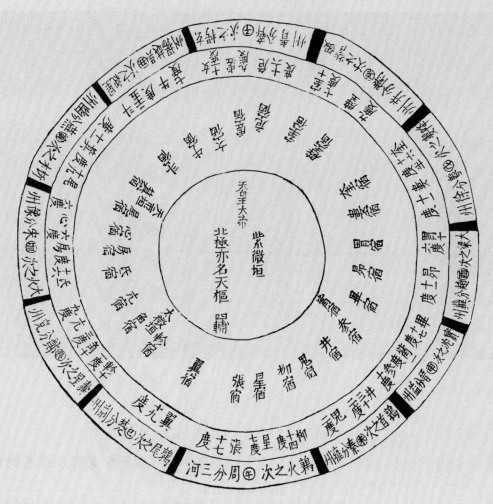

《三才图会》中的"二十八宿分野之图"

天垂象，见吉凶——天地分野

3000多年前，一个寒冷的子夜，木星高挂南天，在鹑火星次中闪烁着光芒。朝歌城外的牧野，一场决定中国命运的大会战即将开始。黎明时分，周武王的军队向商朝部队发起了进攻，仅仅一个上午就大败商军。商纣王在鹿台自焚，从此中国历史翻开了新的一页。岁星（木星的古称）位于鹑火星次的天象，也与这场牧野之战一起被记录了下来。

在古人看来，"天"不仅能洞察人间发生的一切，而且主宰着世间万事万物，天意不可违，顺天者昌，逆天者亡。但上天又有好生之德，它在行事之前会通过天象提前向世人传达它的意志或警告。中国历代王朝都供养着一批"公务员"身份的星占家，其目的就是要让他们"序二十八宿，步五星日月，以纪吉凶之象，圣王所以参政也。"也就是说星占家的职责是观测天象变化，判断吉凶祸福，为帝王政治决策提供参考。所以中国古代的星占学，从不问及普通人的命运（那是街头算命先生的事），只关心战争胜负、皇室安危、水旱瘟疫等军国大事。

再让我们看看古人对牧野之战的理解。既然周人战胜殷商是上天的安排，那么上天也一定会通过某种天象提前昭告世人，这样"岁在鹑火"的天象就很值得我们去分析一番。木星被古人视为吉祥的福星，上天可能正是通过木星所处的方位来传达周人胜利的意志，所以鹑火必然和周人存在某种联系。上古时殷商观察大火确定季节，并将大火星奉为族星加以祭祀，如果此时木星位于大火星附近，则很可能是上天仍在眷顾殷商的信号，失败自杀的也许就是周武王了。

到了春秋战国时期，人们将鹑火星次中的柳、星、张三宿与周人居住的三河地区联系起来。如果这三个星宿附近有异常天象出现，就意味着周人的领地会有相应的变故发生。商代遗民建立的宋国则被对应到了大火所在的大火星次。最终古人将天上的二十八宿与地上的十二国或十二州对应了起来，这就是所谓的"分野"。这样月亮、行星或异常天象出现在某个星宿，就预示着中华大地上相应的地区会发生某种灾祸或事件。古人是根据什么确定这种对应关系的呢？后人曾提出过多种理论，但目前还没有完全令人信服的解答。

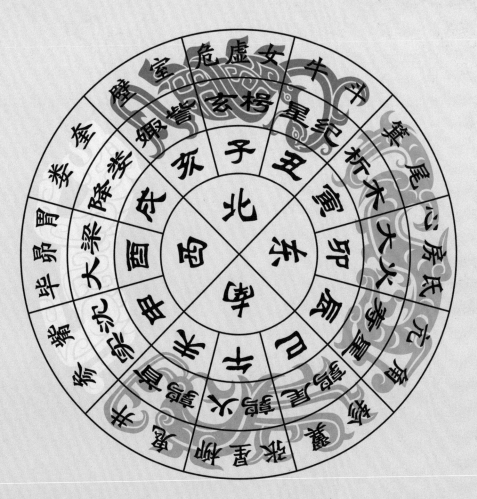

古人将天赤道（唐代改为黄道）附近的区域从西向东均匀地分为12等份，称为十二次或十二星次，其名称依次为星纪、玄枵（xiāo）、娵（jū）訾（zī）、降娄、大梁、实沈、鹑首、鹑火、鹑尾、寿星、大火、析木。一般认为，十二次起源于对木星的观测。古人认为木星12年（实际为11.86年）绕天空一周，并据此创立十二次，以木星所在次来纪年，木星也因此得名"岁星"。十二次与二十八宿的对应关系始见于《汉书·律历志》。中国古代还有一种与十二次分法一样，但方向相反的划分周天的方法，称为十二辰。十二辰以十二地支的名称从东向西依次命名。十二次、十二辰、二十八宿的对应关系大致如图所示。

天象分野图

燕

赵

齐

卫

秦

周

郑

魏

宋

鲁

楚

吴

越

历代分野多有不同，本图系依据《开元占经》及《乙巳占》整理绘制。地图仅为示意。

角亢　为郑的分野，属兖州，对应于今河南省中部的平顶山、许昌一带。

氐房心　对应于宋国、豫州，河南省东部商丘；安徽省北部亳州、宿州、蚌埠、淮南；山东省南部菏泽、济宁及江苏西北部的徐州等地。

尾箕　燕之分野，为幽州，包括今北京市、天津市、山西省东北部、河北省北部、辽宁大部及朝鲜大部。

斗牛　对应于吴国和越国的分野，属扬州，包括今江苏省南部；安徽省中部及南部；浙江、江西、福建、广东、广西及越南北部。

女虚　为齐国的分野，属青州，相当于今天的山东省大部。

危室壁　卫国的分野，属并州，系指河南省北部的安阳、濮阳、鹤壁、新乡、焦作一带。

奎娄　鲁之分野，属徐州，包括山东省南部的枣庄、临沂等地及江苏省北部的连云港、宿迁、淮安地区。

胃昴　为赵之分野，属冀州，含今之河北省南部石家庄、衡水、邯郸一带；山西省西北部、中部及东南部的太原、阳泉、长治等地；内蒙古河套地区呼和浩特、包头、鄂尔多斯等地。

毕觜参　对应魏国的分野，属益州，系今天的山西省西南部及河南省郑州、开封、周口、漯河等地。

井鬼　为秦国分野，属雍州，今陕西省、甘肃省、宁夏回族自治区一带；还包括四川、重庆、云南、贵州大部。

柳星张　周的分野，三河地区，今河南省洛阳、巩义等地区。

翼轸　对应于楚的分野，属荆州，相当于湖北、湖南大部；河南南部及安徽、贵州、广东、广西等省（自治区）的一部分。

上下五千年——中西星座发展简史

中国星官与西方星座是各自独立起源和发展的，虽然它们之间也存在个别相似的划分，

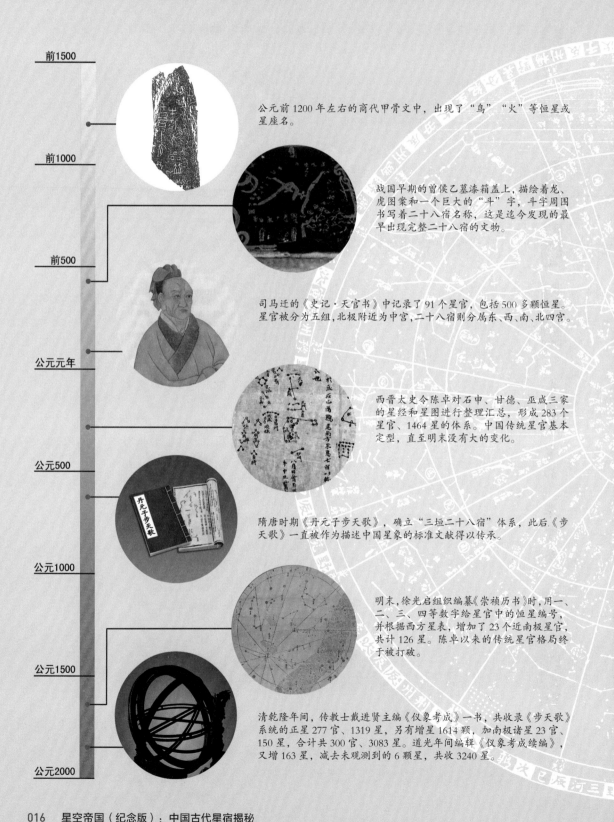

前1500

前1000

公元前1200年左右的商代甲骨文中，出现了"鸟""火"等恒星或星座名。

前500

战国早期的曾侯乙墓漆箱盖上，描绘着龙、虎图案和一个巨大的"斗"字，斗字周围书写着二十八宿名称，这是迄今发现的最早出现完整二十八宿的文物。

司马迁的《史记·天官书》中记录了91个星官，包括500多颗恒星。星官被分为五组，北极附近为中宫，二十八宿则分属东、西、南、北四宫。

公元元年

西晋太史令陈卓对石申、甘德、巫咸三家的星经和星图进行整理汇总，形成283个星官、1464星的体系。中国传统星官基本定型，直至明末没有大的变化。

公元500

隋唐时期《丹元子步天歌》，确立"三垣二十八宿"体系，此后《步天歌》一直被作为描述中国星象的标准文献得以传承。

公元1000

明末，徐光启组织编纂《崇祯历书》时，用一、二、三、四等数字给星官中的恒星编号，并根据西方星表，增加了23个近南极星官，共计126星。陈卓以来的传统星官格局终于被打破。

公元1500

清乾隆年间，传教士戴进贤主编《仪象考成》一书，共收录《步天歌》系统的正星277官、1319星，另有增星1614颗，加南极诸星23官、150星，合计共300官、3083星。道光年间编辑《仪象考成续编》，又增163星，减去未观测到的6颗星，共收3240星。

公元2000

但这可以用人们对显著星象产生的相似联想解释，目前还没有可靠的证据显示东西方星座之间存在共同的起源或其他联系。

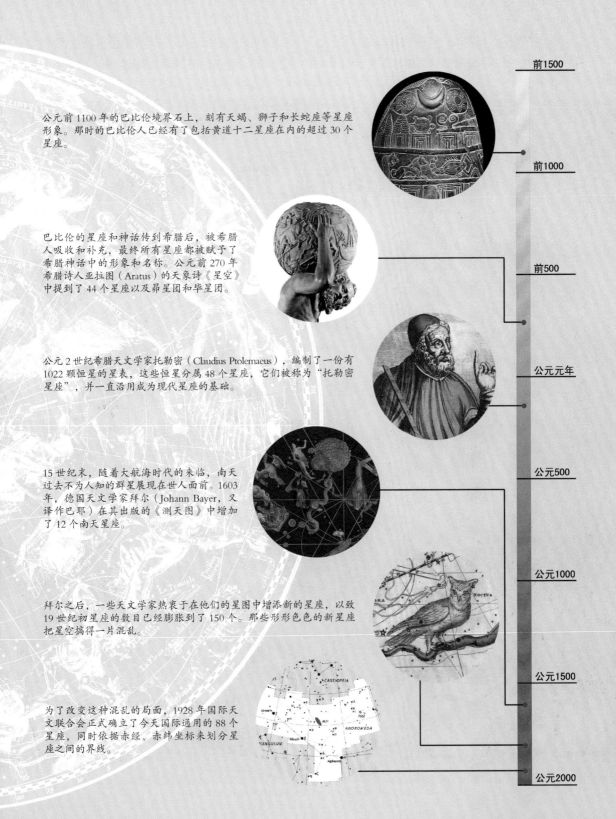

公元前 1100 年的巴比伦境界石上，刻有天蝎、狮子和长蛇座等星座形象。那时的巴比伦人已经有了包括黄道十二星座在内的超过 30 个星座。

前1500

前1000

巴比伦的星座和神话传到希腊后，被希腊人吸收和补充，最终所有星座都被赋予了希腊神话中的形象和名称。公元前 270 年希腊诗人亚拉图（Aratus）的天象诗《星空》中提到了 44 个星座以及昴星团和毕星团。

前500

公元 2 世纪希腊天文学家托勒密（Claudius Ptolemaeus），编制了一份有 1022 颗恒星的星表，这些恒星分属 48 个星座，它们被称为"托勒密星座"，并一直沿用成为现代星座的基础。

公元元年

15 世纪末，随着大航海时代的来临，南天过去不为人知的群星展现在世人面前。1603 年，德国天文学家拜尔（Johann Bayer，又译作巴耶）在其出版的《测天图》中增加了 12 个南天星座。

公元500

公元1000

拜尔之后，一些天文学家热衷于在他们的星图中增添新的星座，以致 19 世纪初星座的数目已经膨胀到了 150 个。那些形形色色的新星座把星空搞得一片混乱。

公元1500

为了改变这种混乱的局面，1928 年国际天文联合会正式确立了今天国际通用的 88 个星座，同时依据赤经、赤纬坐标来划分星座之间的界线。

公元2000

帝王与诸神——中西星座比较

　　翻开一幅西方古典星图，我们立刻会被上面充斥的各种星座图案所吸引。这是一个希腊诸神的世界，充满了不食人间烟火的神仙与动物。目前国际通用的88个星座中，有50个以上可以和希腊神话扯上关系。而古代中国在"天人合一"思想的指导下，星空的浪漫色彩消失了，取而代之的是以中央帝国的官吏体系和世间俗物命名的283个星官。在这里吃喝拉撒一应俱全，

1690年赫维留黄道北星图（托勒密博物馆韩鹏先生提供）

星空成为人间现实世界的映射，俨然是一个在天帝统治下等级森严的星空帝国。东西方文明在星空的划分和命名上显示出了强烈的文化反差。

东西方古人在最初仰望星空时，都不约而同地将星点连缀成图案，但后来中国的星占家几乎完全从实用的角度出发设立星官，而西方的观星者则一直用他们的想象力描绘着天穹上的图案。时至今日，西方星座骨架仍是象形的，而中国星官的名称与星星连成的图案基本没有联系，星官名称决定它们的星占含义。

1690年赫维留黄道南星图（托勒密博物馆韩鹏先生提供）

西方星座最初也是由一个个星点连成，但发展至今国际通用的星座已经是对一片天区的称谓，是"面"的概念。每个星座都划定了明确的边界，随着观测手段的提高，新发现的天体都可以明确归属到某个星座，已有的星座体系不需要进行调整。中国星官仍是对一组恒星的称谓，它是由假想的线连接的"点"。一个星官有几颗星是固定的，比如五车星官有5颗星，在其围成的五边形之内的咸池、天潢、与其交叉的柱，都不属于五车星官。整个星官体系只包含有限数目的天体，如果要在系统中增加新的恒星，就必须设立新的星官或增加已有星官的星数。明末为了将南极附近那些我们祖先观测不到的恒星纳入星官体系，就增设了新的星官。明清时期对北半球可见但陈卓定记中没有的恒星，则作为相邻星官的增星处理。

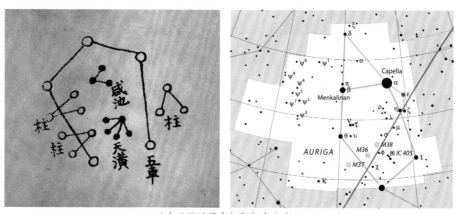

五车及附近星官与御夫座的对比

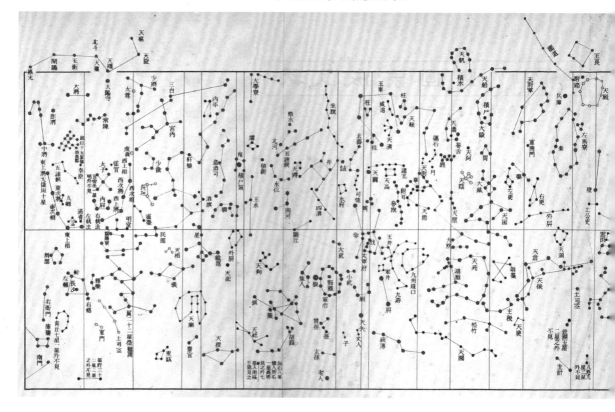

点和面的差异还导致另一个现象：中国星官有固定的连线，这些连线在历史上可能会有变化，而一旦确定下来，就不得随意更改。如果不按规矩连线，星占者可能会被搞得晕头转向。而星座的星点之间没有固定的连线，星图绘制者可以根据自己对星座形象的理解进行勾连，早期的古典星图和现代的专业星图都没有连线。所以，对中国星官而言连线是必不可少的，而对星座来说它只是辅助的辨认工具。

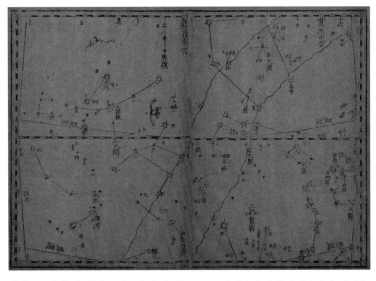

《崇祯历书》中的《黄道二十分星图》之一，图中包含了很多前人未命名的恒星，其中很多与邻近星官中的恒星一起进行了编号。

目的和思维方式的不同，最终导致了不同的星空划分。当星官的星占用途确定并形成完整体系后就趋于僵化，既然有用的星官都已经确定，没有被列入这个体系的恒星自然成了无用之星，除少数有识之士（元代天文学家郭守敬曾对前人未命名的无名星进行了一系列的观测，并著有《新测无名诸星》一书，可惜已经佚失。）没人关注它们。直到明末在西方天文学的冲击下才被迫寻求改变。

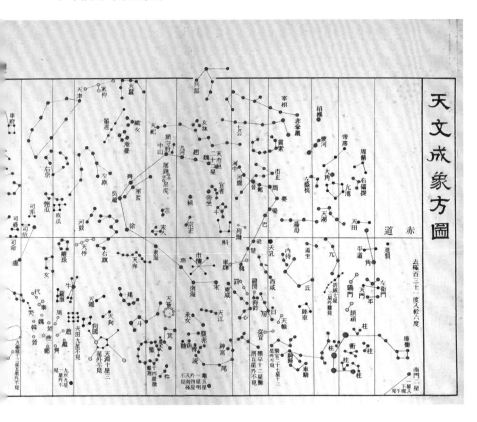

日本天文学家涩川春海（1639年~1715年）也曾根据自己的观测结果，在中国传统星官外增设61官308颗星，这些星官大多根据日本当时的官吏机构或官职命名，如阴阳寮、左卫门、兵库、大藏、太宰府、造酒司等。左图中蓝色星点均为日本星官。

1699年涩川昔尹《天文成象》（摹本）选自小野清《天文汇考》。

灵台秘籍——天文鬼料窍

南宋史学家郑樵是一位天文爱好者，但博览群书的他总为找不到好的星象书籍而烦恼。终于，郑樵费尽周折得到一本名曰《丹元子步天歌》（以下简称《步天歌》）的奇书，他如获至宝爱不释手。据说此书乃是当时皇家天文台"司天监"的秘籍，只准在灵台内部传诵，严禁流入民间。当夜恰好秋高气爽晴朗无月，郑樵仰望着夜空中的点点繁星，吟诵着书中的词句"两星上有离宫出，绕室三双有六星，下头六个雷电形，垒壁阵次十二星，十二两头大似井，阵下分布羽林军……"目光随之在星空中行移，他越发兴奋，不由赞叹道：果然奇书，不愧人称之"鬼料窍"，如此一来，不出数夜，便可将一天星斗熟记于胸了！

郑樵的感慨一点不为过，《步天歌》是古人研习天文、掌握星象知识的首选教材。现在的天文爱好者认识星座大多依靠星图，星图的优点是形象直观，容易辨认，但星图复杂，难以记忆。古人认星与我们不同，他们主要借助于带有韵律的诗文、歌诀来描述、记忆全天星宿。这类韵文作品中流传最广、影响最大的当属唐人王希明的《步天歌》（一说是隋代法号丹元子的隐士所作，另一说丹元子作、王希明修订）。《步天歌》系统地记载了全天星官的名称、星数和相对位置，歌词条理分明，易于记忆。咏诵歌诀，如同沿着天上的街市漫步，逐一浏览各组星象，繁星历历在目，因而被郑樵誉为"句中有图，言下见象，或丰或约，无余无失"。宋代以来，《步天歌》受到高度重视，被视为描述中国星象的权威文献。虽然古代禁止民间私习天文，星占书籍只能在皇家天文机构内传诵，但这并没能阻止《步天歌》凭借其清晰的条理、言简意赅的描述在民间广为传播。

在中国天文学史上，《步天歌》首创了三垣二十八宿的星官分组，将全天星官划分为31组。在《步天歌》之前二十八宿只是单个星官，但《步天歌》中二十八宿成了28个星官组的统帅，每组除该宿本身外，还包含若干星官。三垣的名称出现较晚，在《晋书·天文志》中它们仍是代表三道垣墙的星官，从《步天歌》开始才作为3个星官组的名称出现。《步天歌》问世后的1000余年里，三垣二十八宿的划分一直是中国星象的标准。

很多人认为三垣二十八宿是一种天区划分，但这种理解并不准确。《步天歌》进行星官分组的目的是便于记忆和指导认星，分组时虽然考虑了星官的位置关系，但各组之间并没有明确的边界，相邻宿所辖星官的位置更是犬牙交错、互有参差。而且如前文所述，星官本身也只是零散的点，因此不能将其视为一种天区划分。

本书后面的章节将按照《步天歌》三垣二十八宿的体系，对全天星官进行系统的介绍；并仿效《步天歌》以图配歌的形式，配以作者本人绘制的带星官形象的星图，希望有利于读者理解古代星官的含义。需要说明的是，《步天歌》已流传一千多年，现存的版本很多，文辞各异。本书采用的是潘鼐先生在其巨著《中国恒星观测史》中校订的一个比较完善的版本。本书所配星图乃依据伊世同先生的《中西对照恒星图表》和《全天星图》绘制，伊先生的星图则依据清代《仪象考成》等书考订。由于古人偏重于对星官中的主星（距星）进行测量，大多数恒星都没有精确的坐标数据；加之缺少严格的星等概念，中国星官在传承过程中必然发生一些变化。明清时期以西方人为主导的恒星测量，对中国传统星象和观测数据研究不足，造成了一些错误。《仪象考成》还对部分星官的星数进行了调整，缺少了个别纬度靠南的星官。因此，它在一定程度上并不能反映中国传统星官的本来面貌，但它已是今日中国星名的基础，所以本书仍以此为主进行介绍。书中注明"宋代"者系依据《中国恒星观测史》中复原的皇祐星官图绘制。由于宋代的实测数据有限，加之仪器精度、传抄错误等原因，不同学者所复原的星图不尽相同，因此本书所绘宋代星图仅供读者参考。

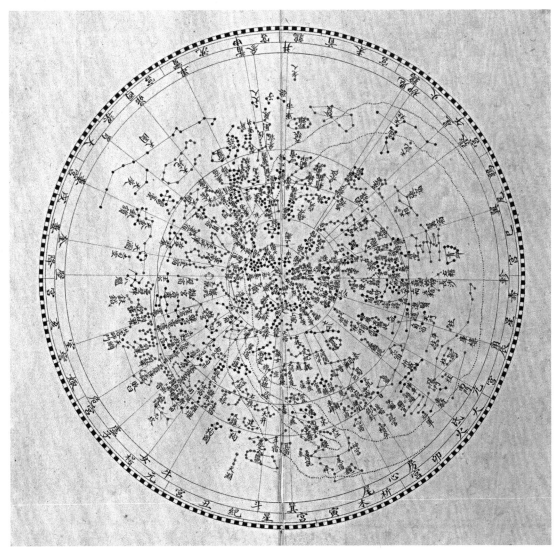

清代《钦定天文正义》中的天文全图

《丹元子步天歌》涉及一些星官颜色描写，如当门六角黑市楼，外屏七乌奎下横，钩下五鸦字造父，门左皂衣一谒者，天渊十黄狗色玄等。其中黑、乌、鸦、皂、玄、黄等不是指恒星本身的色彩，黑、乌也不是形容星光暗淡，而是为了区分星官归属。中国传统星官由石申、甘德、巫咸三家汇总整理而成。《步天歌》中的黑、乌、鸦、皂、玄等均是指这些星官出自甘氏一派，黄色表明源于巫咸门下。一些古星图中除黑、黄两色外，还有大量涂成红色的星官，这些都是石氏星官。我们今天能看到的大部分《步天歌》版本都因石氏星官众多，省略了对红色的描写，甘氏、巫咸两家星官颜色区分也并不全面。

陕西定边郝滩东汉墓星图（徐刚摹本，缺损部分进行了补绘，非严格复原）

此图出土于2003年，画面四周的二十八宿保存基本完整，但中部存在大面积脱落，图中虚线圈出的区域为作者补绘，仅供读者参考。

— 第二章 —

三垣

紫微垣＼太微垣＼天市垣

紫微垣

天宫中的柱子，用以张贴政令

帝王成

负责国宴餐饮的厨房 天厨

紫微左垣

上卫

即民生

负责记录宫中日常事务的官员 柱史

天柱

天

负责漏刻计时的女官

御女

女史

宫内的侍女

勾陈

天棓

大棒子，防卫用的武器

上弼

尚书

掌管文书章奏的官员

北天极点所在 北极

太子 帝庭子

后宫

少宰

少弼

上宰

天床

主管审判刑

天帝的睡床

左枢

右枢

少

亦作天一、天帝之神

亦作太一、天帝之神

天乙

太乙

内厨

负责后宫饮食的厨房

天枪

辅助北斗的丞相或大臣

守卫紫微垣的武器

辅

开阳 玉衡

北斗

摇光

天帝的车

玄戈

商周时期的常用武器

三公

负责国家军政的最高官员

负责守

传舍 接待宾客的馆舍

上丞

杠 华盖的柄

五帝内座
五方之帝的座位

少卫

稻、麦等八种粮食作物

八谷

六甲

又作钩陈，钩状排列之意，
代表天帝的后宫

上卫

干支相配而来的甲子、甲戌、
甲申、甲午、甲辰、甲寅

四位辅政大臣

紫微右垣

阴德

少辅

三师 负责国家军政的最高官员

内阶 天帝行走的阶梯，连接紫宫与文昌宫

天枢

文昌 六个政府部门或官员

天璇

施惠百姓，主管赈济安抚之事

贵族的牢狱，或执法官员

太尊 皇亲国戚

天牢
监禁违法贵族的牢狱

势 太监

紫微垣

中元北极紫微宫　北极五星在其中
第三之星庶子居　大帝之座第二珠
第一号曰为太子　四为后宫第五珠
左右四星是四辅　天乙太乙当门路
两面营卫十二星　左枢右枢夹南门
上卫少卫次上丞　东藩左枢连上宰
上辅少辅四相视　后门东边大赞府　西藩右枢次少尉
阴德门里两黄聚　尚书以次其位五　以次却向前门数
御女四星五天柱　大理两星阴德边　女史柱史各一户
六甲六星勾陈前　天皇独在勾陈里　勾陈尾指北极巅
华盖并杠十六星　杠作柄象华盖形　五帝内座后门间
名曰传舍如连丁　垣外左右各六珠　盖上连连九个星
阶前八星名八谷　厨下五个天棓宿　右是内阶左天厨
文昌之下曰三师　文昌斗上半月形　天床六星左枢在
太阳之守四势前　内厨两星右枢对　稀疏分明六个星
即是玄戈一星圆　太尊只向三公明　天牢六星太尊边
北斗之宿七星明　天理四星斗里暗　更有三公向西偏
第四名权第五衡　第一主帝名枢精　辅星近着开阳淡
开阳摇光六七名　摇光左三天枪明　第二第三璇玑是

寻找紫微垣——天上有个北极星

对于身处繁华都市的人们来说，想要寻找北极星稍微有些困难，但并非无法完成的任务。我们只要找一个无月的晴夜，一片相对空旷同时灯光并不强烈的地方，就会在北边的夜

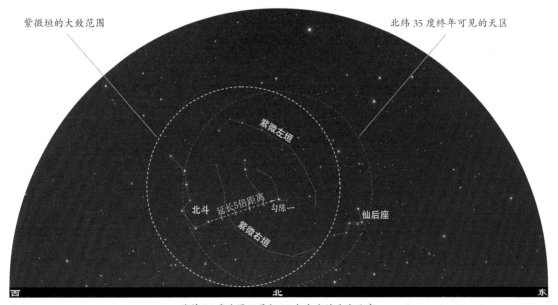

北纬35度地区9月初20点左右的北方天空

空中找到硕大的北斗七星。将北斗七星前两颗星的连线延伸，便可以找到勾陈一，也就是当代的北极星。北极星虽不是十分明亮，但它位于地球自转轴延长线的北端，也就是北天极的方向，为我们标示出正北的方位，是人们在夜间辨别方向的天然灯塔。跨过勾陈一几乎在与北斗相对的位置上，有5颗星组成类似W或M的形状，这是西方的仙后座。北斗与仙后之间包括北斗在内的圆形区域，就是"紫微垣"的大致范围。生活在北纬35°左右的中国古人对这片星空非常熟悉，因为这些星星永远绕着北极星旋转终年不落。

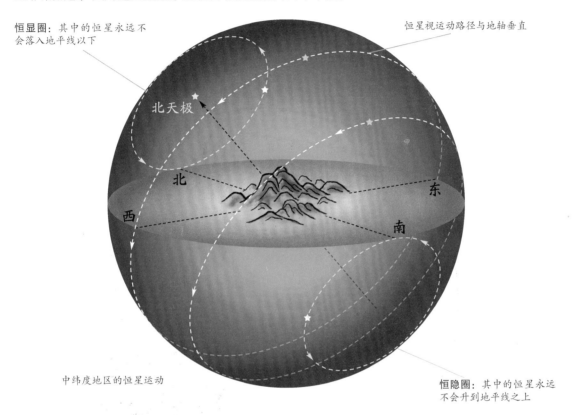

恒显圈：其中的恒星永远不会落入地平线以下

恒星视运动路径与地轴垂直

北天极

北

西

东

南

中纬度地区的恒星运动

恒隐圈：其中的恒星永远不会升到地平线之上

地转天旋——视野中的恒星运动

地球绕着一个假想的轴旋转，自转轴两端的延长线指向南北两个天极，日月星辰每天东升西落，其实是地球自西向东自转造成的相对运行，称之为"地转天旋"应该是恰如其分的。对地球上不同纬度的观测者来说，地平面与地轴之间的倾角不同，即南北两个天极的高度不同，能够观测到的星空范围不同，天体升降路径和地平线之间的倾角也不同。对于地处北纬35°左右的黄河流域来说，天北极与地平面所呈夹角为35°，这意味着以北天极为中心，以35°为半径的圆形天区是一个终年不没入地平的常显区域，这个区域称为恒显圈，也叫拱极星区。古人发现在其他恒星每天东升西落的同时，恒显圈内的众星却始终围绕着北天中一个无形的点不停地打转，这个点就是北天极。最靠近北天极的恒星，肉眼看上去稳如泰山岿然不动。这就是孔子所说的"譬如北辰，居其所，而众星共（拱）之"。

紫微垣——天上的紫禁城

在古人心目中距离北天极最近的恒星具有崇高的地位，它仿佛是天上的君主，坐镇中央号令四方，日月星辰都是它的忠实臣民，围绕在它周围不停旋转。3000多年前具有这一殊荣的就是"帝星"，古人以帝星为中心，为这位至高无上的天帝建立了一座气势恢宏的宫殿——紫微垣，又称紫微宫、紫宫、中宫或中元等。

两段圆弧形的宫墙将紫微垣分为内、外两个区域。垣墙的主体由枢、宰、尉、辅、弼、卫、丞等官吏构成，负责保卫禁宫安全及处理皇家内外事务。

垣墙内陪伴天帝左右的是他的子嗣和皇后，勾陈六星象征后宫嫔妃，御女在近旁服侍，华盖、天床等供天帝使用，女史、柱史各司其职，尚书、大理随时听候调遣。

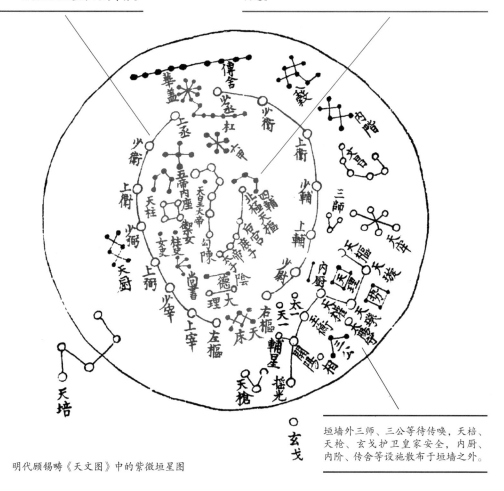

明代顾锡畴《天文图》中的紫微垣星图

垣墙外三师、三公等待传唤，天棓、天枪、玄戈护卫皇家安全，内厨、内阶、传舍等设施散布于垣墙之外。

紫微垣既是天帝的起居所，也是与近臣议事的地方。历代帝王总强调其天子的身份，所以居所的命名也要效法于天，称皇宫禁地为"紫禁"，明清故宫"紫禁城"的名字正是取自这中元北极紫微垣。

按理说紫微垣应该和拱极星区完全重合，才与古人的传统认识相符。可是我们发现紫微垣的范围与北纬35°恒显圈并不完全重合，前面提到的仙后座

公元前 500 年时的北纬 35 度恒显圈

诸星在恒显圈内，但并未被古人划入紫微垣的范围，相反紫微垣内非常重要的北斗七星却有 3 颗出了恒显圈，时常会落入地平线下。是古人观测不精，还是另有原因？我们的祖先堪称世界上最勤奋的观星者，当然不会犯这样低级的错误。如果我们回溯到 2500 年前，那时中原地区的北方天空中，不但北斗七星全部位于拱极星区，太阳守、太尊、玄戈等也位于其中，紫微垣的范围和拱极星区重合得非常好。原来是恒显圈或者更直接地说是北极星发生了变化，那么究竟是什么原因导致了这一变动？

古代诗词中的紫微垣	华盖拂紫微 勾陈绕太一 ——南朝乐府《梁雅乐歌·皇雅》
	王城七里通天台 紫微斜照影徘徊 连珠合璧重光来 天策暂转钩陈开 ——（南朝）庾信《昭夏》
	天形如车轮 昼夜常不息 三辰随出没 曾不差分刻 北辰居其所 帝座严尊极 众星拱而环 大小各有职 不动以临之 任德不任力 天辰主下土 万物由生殖 一动与一静 同功而异域 惟王知法此 所以治万国 ——（宋）欧阳修《天辰》
	枢星居紫极 摇映使星明 ——（宋）戴复古《投江西曾宪》
	楼当太乙星辰近 树拂勾陈雨露香 ——（明）林鸿《题中天楼观图》
	龙楼凤阁天中起 万户千门霄汉里 太乙勾陈紫极通 翔鸾舞鹤珠峰峙 ——（明）孙贲《南京行》

天帝围着娘娘转——究竟谁是北极星

今天最接近北极的亮星是勾陈一，但在《史记·天官书》中，勾陈一代表的是天帝的正妃娘娘。紫微垣中本该众星拱卫的帝星，如今却偏于一隅反而绕着娘娘打转，难道这天帝也有惧内的毛病？对于这个问题，古人当然不可能解释为"妻管严"，他们将其归咎为前人测量得不准确。后来人们明白了岁差原理，才知道北极点原来一直在星空中悄悄移动，26000年一个轮回。但是中国星官体系已经定型，不可能再进行大的改动，所以才出现紫微垣偏离恒显圈，甚至天帝围着娘娘转的尴尬局面。

明白了岁差的原理，再顺着北天极行移的路径寻找，我们会发现一串霸气的星名。它们都曾经是不同时代的北极星。紫微右垣的右枢星旁有两颗暗星，一颗叫作"天乙"，也称"天一"；另一颗为"太乙"，也叫"太一"。这些名字无不显示着吞吐乾坤的气势，它们在4000多年前最接近北天极，被殷商人奉为北极星。帝星从周代起，成为距离北极最近的亮星，因此担当起了西周至两汉时期北极星的重任，最高天神"太一"也迁居于此。由于中国星官体系在汉代基本定型，因此它也就顺理成章取得了"帝"的称号。汉以后北天极与帝星渐行渐远，逐步向一颗不起眼的小星靠近，于是这颗司马迁时代的无名小星成了天之枢纽，被称为"天枢"或"纽星"，并由四星环绕，名曰四辅抱极。宋代以降纽星又逐渐退出了星空枢纽的位置；元明起，勾陈一成为新的北极星，公元2100年左右，北天

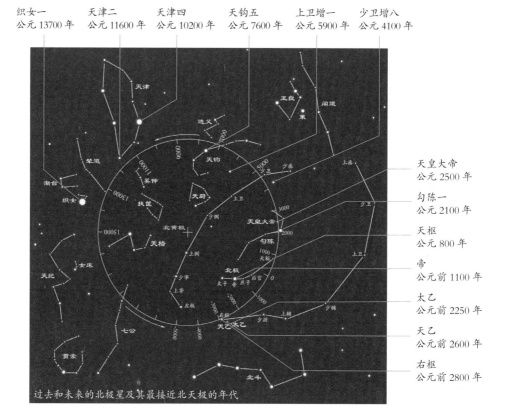

织女一	天津二	天津四	天钩五	上卫增一	少卫增八
公元13700年	公元11600年	公元10200年	公元7600年	公元5900年	公元4100年

天皇大帝
公元2500年

勾陈一
公元2100年

天枢
公元800年

帝
公元前1100年

太乙
公元前2250年

天乙
公元前2600年

右枢
公元前2800年

过去和未来的北极星及其最接近北天极的年代

极离勾陈一最近，之后逐渐远离，向另一颗小星"天皇大帝"靠近。星占书中说，天皇大帝的神名叫耀魄宝，主宰着宇宙生灵，掌管着万神图。但使人疑惑的是，这颗极其暗弱的小星在尚未成为北极星之前就被赋予了无比尊贵的名字。难道是古人洞悉了岁差的规律，提前给它正了名分，以免怠慢了千年以后的大神？这种可能性很小。一些天文史学家认为，天皇大帝的名字可能是古人对北极天枢的称呼，但被后世的星占家张冠李戴了，不想反而歪打正着，成了有预见性的名字。

天乙与太乙——商汤开国的故事

公元前 2600 年，北天极距天乙星最近，前 2250 年时北极移至太乙星附近。而在中国历史上，天乙、太乙之名则是对商朝的开国君主商汤的尊称。大禹治水有功而继帝位，其子启继位建立夏，成为中国历史上第一个王朝。夏传至桀时已日渐衰弱，而桀横征暴敛，生活荒淫无度，导致众叛亲离。契因助禹治水有功而封于商地，经十四代传至汤，国势渐强。汤以伊尹为相，逐步剪除了葛、韦、顾、昆吾等夏的盟国，使夏王朝孤立无援，最终于鸣条一役击败夏桀，建立了商王朝，由此开创了殷商统治中国六百年的基业。

"帝"是商人心中的最高神明，商王明确宣称自己是"帝"或"上帝"之子，他们声称"帝立子生商"。星空中的北极星就是帝的化身，或者至少是帝的居所。殷人用开国先祖的尊号来命名北极星，无疑是想建立起祖先与帝的联系，使得商王顺理成章地成为帝的嫡系子孙。

岁差

玩过陀螺的人都知道，当陀螺逐渐慢下来的时候，它的旋转轴会绕着与地面垂直的轴线旋转摇晃。地球在公转和自转的同时，还有一种像陀螺似的摇头晃脑的缓慢运动。由于地球并不是一个理想的球体，赤道处稍稍隆起，太阳、月亮等天体对隆起部分的附加引力，使得地球自转轴的空间指向并不固定，而是绕着黄轴（通过地心并与地球绕太阳公转的轨道平面垂直的轴线）做缓慢的圆周运动，运动方向与地球自转方向相反，约26000 年旋转一周，这种现象称为岁差。

岁差的存在导致北天极在星空中不断行移，在它移动的路径上，星星们轮流坐庄充当着北极星的角色，今天你贵为帝星，明天我就是天皇大帝。这也应了孙悟空的那句话："皇帝轮流做，明年到我家。"

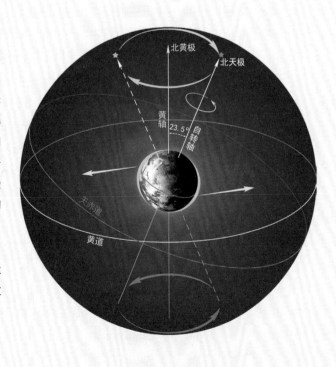

极星崇拜——中国的至上神

古埃及人崇拜的最高神灵是太阳神"拉"；希腊神话中地位最高的天神为"宙斯"；北欧神话中的至上神则是"奥丁"。其实中国古代也有一位类似的无上大神"天"，如今我们在惊呼时，他老人家的名号还常会脱口而出——天啊！老天爷啊！古人崇拜的"天"是有生命、有感情、人格化的天，被尊称为"上帝"。上帝其实是土生土长的，只是由于明末利玛窦来华传教时，用"上帝"一词来对译基督教的最高神"God"，久而久之上帝反而成了外来的和尚。其实"帝"或"上帝"早在甲骨文中就出现了，它是殷商人的最高神祇，并且很可能就是指北极星。周灭商后，周人进一步巩固了帝与天的联系，称之为"天帝""昊天上帝"或"皇天上帝"等。

中国古人将群星围绕北极星旋转而北极星恒定不动看成是一件非常神圣的事，他们认为北极星必定居于天之中央。而古人恰恰对中央有一种特殊的敬畏之心，我们的国家是泱泱中国，我们的发祥地是华夏中原，紫禁城要建在北京的中轴线上，合影时重要人物要在中间等。既然古人膜拜上天又尊崇中央，那么谁又能比居于天之中央的北极星更符合人们的需求呢？于是，北极星顺理成章地爬上了最高天神的宝座。《春秋文耀钩》说："中宫大帝，其精北极星。"

后来，到了汉代，上帝又多了一个名字"太一"。《五经通义》说："天皇大帝亦曰太一。"此时他与北极星的关系很明确，司马迁说北极星是太一神居住的地方，后来郑玄进一步说太一是北极星的神名，他居住的地方就是北极星。

再后来，道教兴起，上帝在道教中变成了"玉皇"，全称为"昊天金阙至尊玉皇大帝"，人格化更明显而北极星影响日渐削弱。但毕竟不能摆脱其由星辰崇拜而来的本质，宋真宗封玉皇为"太上开天执符御历含真体道玉皇大天帝"，宋徽宗再加封为"太上开天执符御历含真体道昊天玉皇上帝"，将玉皇和上帝混同。后世上帝和玉皇并存，只是出现的场合不同，在儒教和正统官方的祭祀中一般称昊天上帝，如天坛内供奉着"昊天上帝"的牌位，而民间和道教中则通称玉皇大帝。

玉皇大帝在道教中与紫微大帝、勾陈大帝、后土皇地祇并称为"四御"。后土为句龙，天上的天社星就是祭祀后土的庙宇（我们将在鬼宿章节具体介绍）。而紫微大帝、勾陈大帝其实是在道教的造神运动中，由玉皇大帝派生出来的。他们的全称分别为"中宫紫微北极大帝"和"勾陈上宫天皇大帝"，单从名称就能清楚地看出他们都来源于古人的北极星崇拜。玉皇大帝虽贵为四御之首，但在正统的道教神仙体系中地位不及"三清"。所谓三清，即元始天尊、灵宝天尊和道德天尊，是道家依据其哲学和宇宙观念创造出来的神。但这三清都属于扶不起的阿斗之流，虽然道士们极力鼓吹，但在世俗的心目中玉皇大帝永远是高高在上的众神之主。如《西游记》中，这位大帝端坐在灵霄宝殿之上，管辖着天界、人间和地府，四大天王、二十八宿、九曜星官、四海龙王、十殿阎罗等无不听命于他。

玉皇大帝

河北石家庄毗卢寺明代壁画中的玉皇大帝

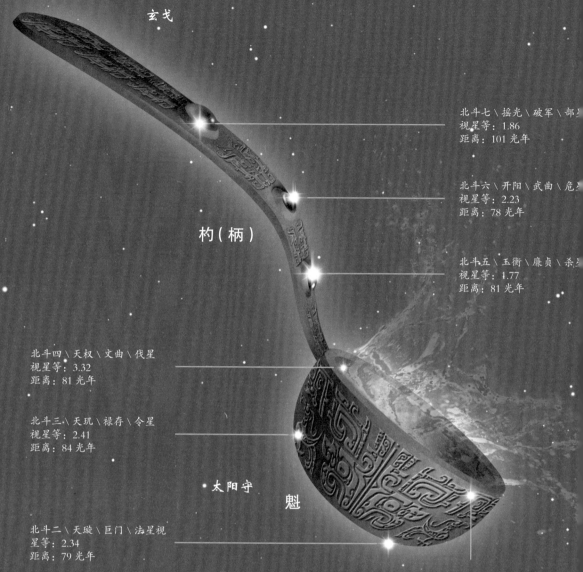

招摇

玄戈

杓（柄）

北斗七＼摇光＼破军＼部星
视星等：1.86
距离：101 光年

北斗六＼开阳＼武曲＼危星
视星等：2.23
距离：78 光年

北斗五＼玉衡＼廉贞＼杀星
视星等：1.77
距离：81 光年

北斗四＼天权＼文曲＼伐星
视星等：3.32
距离：81 光年

北斗三＼天玑＼禄存＼令星
视星等：2.41
距离：84 光年

太阳守

魁

北斗二＼天璇＼巨门＼法星视
星等：2.34
距离：79 光年

太尊

北斗一＼天枢＼贪狼＼正星视
星等：1.79
距离：124 光年

北斗七星——酒斗与汤匙

　　你可以不知道"七月流火""三星在户"，可以不认识牛郎织女，但你必须知道"斗转星移""泰山北斗"，必须认识中国北方夜空中那7颗亮星组成的大勺子。它们对中国人的重要程度已经远远超出了普通星座的范畴，在笃信天人感应的年代，北斗七星俨然成为人们生活中不可或缺的一部分。

　　北斗是北天极附近最显著的星象，在今天的人们看来它很像是一把大号汤勺，很多人甚至直接叫它勺子星。古人称它为北斗，是因为它形似殷周时期的酒斗。这是一种舀酒用的长柄器物，而并非后来称量粮食用的量斗，它们在形状上是不同的。

　　这7颗星有多套不同的名称，北斗一至四称"斗魁"，又名"璇玑"，五至七叫"斗杓（biāo）""斗柄""玉衡""天罡"等。

不同文化中，星星组成的图案被赋予不尽相同的形象。中国人眼中的酒斗，到了古希腊人那里变成了一头大熊，玛雅人则认为那是 7 只金刚鹦鹉，印度人将它们视为 7 位智者，罗马人却把它们看作 7 头牛……

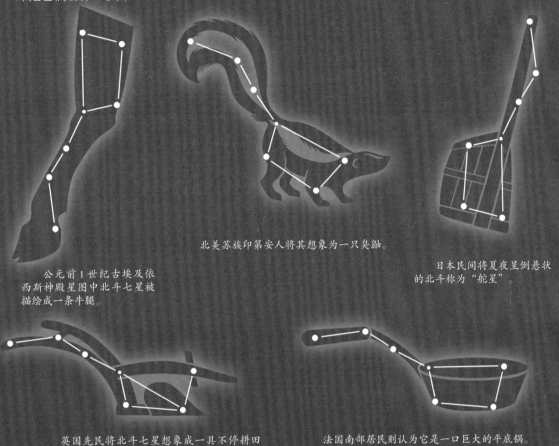

北美苏族印第安人将其想象为一只臭鼬。

公元前 1 世纪古埃及依西斯神殿星图中北斗七星被描绘成一条牛腿。

日本民间将夏夜呈倒悬状的北斗称为"舵星"。

英国先民将北斗七星想象成一具不停耕田的犁，称为"plough"，意思就是犁。

法国南部居民则认为它是一口巨大的平底锅。

北斗七星不会永远保持现在的样子。虽然与行星相比，组成星座的星星看起来恒定不动，才有了"恒星"这个名字，但事实上它们都在高速运动，只是离我们太过遥远，在我们的有生之年根本无法察觉。但经过数万年后情形就不同了，10 万年后北斗的形状将发生很大变化，那时的人类会将它想象成什么呢？

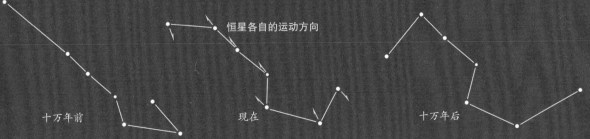

恒星各自的运动方向

十万年前　　　　　　　　　现在　　　　　　　　十万年后

除天枢和摇光外，北斗中的 5 颗距离我们都在 80 光年左右，而且运动方向和速度也大致相同，20 万年来相对位置变化不大，它们之间是否有联系呢？人们经过研究发现它们连同周围一些暗星都诞生于 5 亿年前的同一片星云中，是距离地球最近的星团状天体，被称为"大熊座移动星群"。

斗转星移——建四时，移节度

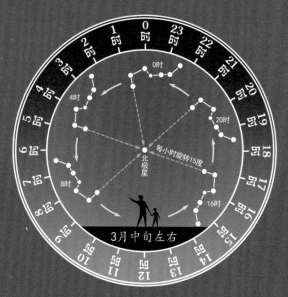

古人重视北斗的传统，是与我们所处地理位置密切相关的。华夏文明发祥于北纬35°左右的黄河流域，对于生活在这一地区的人们来说，北斗七星是拱极星区最显著的星象。由于岁差的缘故，它的位置在数千年前比今天更接近北天极，终年常显不隐。正是由于北斗的这一特殊位置，因而在古人的观象授时中，北斗较之黄道或赤道上的任何星象都更有优势。

随着地球的自转，北斗七星犹如钟表上的指针，绕着北天极昼夜旋转。它每旋转15°恰好是1小时，默默地为人们指示着夜晚的时刻。

如果我们在每天黄昏静候群星出现，就会发现斗柄所指的方向每天逆时针偏移

1°，每月行移30°，3个月累计一个象限，一年后又回到原处。古人据此参悟出了斗柄指向与寒来暑往季节变迁的关系，这就是自古流传的节令歌诀："斗柄东指，天下皆春；斗柄南指，天下皆夏；斗柄西指，天下皆秋；斗柄北指，天下皆冬。"

北斗的这一特性很早就广为人知，中国最早的历法《夏小正》中说："正月斗柄悬在下，六月初昏斗柄正在上。"而西汉初年的《淮南子·天文训》则说："帝张四维，运之以斗，月徙一辰，复反其所。正月指寅，十二月指丑，一岁而匝，终而复始。"可见至少在西汉初年，古人已经将斗柄指向与一年中的12个月联系了起来。

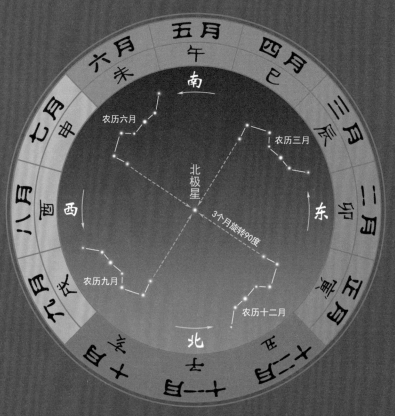

每月初昏观测

杓携龙角——北斗拴系二十八宿

北斗对于初识星空的人来说非常重要，犹如我们认识星空的一把钥匙。利用北斗七星除了能很方便地找到北极星外，还可以找到 10 颗以上的亮星。

如果你之前还不认识除太阳以外的任何恒星或者星座，那么不妨先在北方的夜空中找到那把大汤勺，然后试着通过它在星空中寻找这些亮星。比如夏夜的织女一和天津四，之后再借助它们认识更多的恒星和星座。

司马迁在《史记·天官书》中同样为我们描述了北斗和一些重要星官之间的联系，这就是：杓携龙角，衡殷南斗，魁枕参首。

角宿、斗宿和参宿是二十八宿中非常重要的三宿，将北斗与此三宿拴系在一起，巩固了北斗居于天之中央的地位。同时在天文观测中，即使星宿在地平线以下，只要看看恒显不没的北斗七星，就可以清楚它们的大致位置了。

衡殷南斗：

天玑与玉衡相连指向斗宿方向。

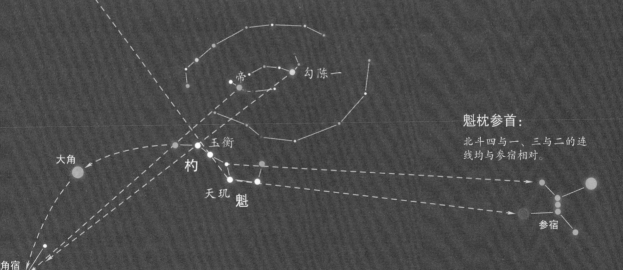

魁枕参首：

北斗四与一、三与二的连线均与参宿相对。

杓携龙角：

北斗的斗柄连接着东方苍龙的角宿。

山东嘉祥武梁祠东汉画像石斗为帝车图

斗为帝车——天帝的御用车马

虽然古希腊人将北斗及其附近的一些恒星看作一头熊，但同时他们也将北斗七星视为一辆战车。在荷马史诗《伊利亚特》中就有这样的句子："绰号战车的大熊，围着天轴之树在打转。"其实，将北斗看作天空之车的民族还真不少，古巴比伦人就把北斗看作一辆巨大的货车；古埃及人将其视作伊西斯女神之车；北欧神话中它被认为是大神奥丁的战车；英国也称其为亚瑟王或查理王的马车；阿拉伯人称北斗为车星，斗魁四星为车轮，斗柄三星为三匹马，开阳旁的辅星是赶车人。

绕着北极昼夜旋转的北斗，的确容易让人产生车的联想。中国古人虽然将北斗看作酒斗，但在星占家的眼中它还有另一个重要的功用——天帝的御用车马。在《史记·天官书》中司马迁认为，这驾天帝的御车，载着天帝，运行于天之中央，统领四方。区分阴阳，建立四季，调节五行，决定节气变化，规划太阳的行度，这些都由北斗的运转决定。

王莽威斗——北斗厌胜兵事

王莽篡位称帝，改"汉"为"新"，却无能力治理国家，朝令夕改，法令苛酷，赋役繁重，导致民不聊生，百姓揭竿而起。但王莽不思悔改，反而亲自监制了一个北斗状的器物"威斗"。此物系用掺了五色石的铜铸成，长二尺五寸。王莽幻想有了这个"神器"，上应天象，便可战胜各路义军，所以命人扛着，吃喝拉撒时刻不离其左右。直到起义军攻入皇宫，王莽不设法逃命，却命令天文官推算北斗斗柄所指，自己则不断变换坐向和威斗的指向，以为掌握着斗转星移乾坤变幻，谁也奈何他不得，即便死到临头，仍然抱着威斗。

王莽虽为昏君，但并不愚蠢，他迷信北斗到如此程度，不怕别人讥笑，显然说明当时对北斗的信仰是相当强烈的。人们认为运用某种法术，便可借助北斗的神力趋利避害，甚至不战而屈人之兵。那

时社会上流行将北斗形象画入符箓，以求达到辟邪驱鬼的目的。兵家则认为作战时顺着斗柄的指向进攻才能取得胜利。汉武帝在征伐南越时，为祈祷出兵获胜，专门命人缝制一面灵旗，上绣"日、月、北斗和登龙"，汉代对北斗信仰程度可见一斑。知道了这些，王莽的荒唐举动也就没那么不可思议了。

佐斗的辅星——七星石为何为八块

天坛公园东门附近的一块绿地上，散落着几块雕有山纹的石头，人称"七星石"。但数着明明是七大一小八块镇石，为什么叫七星石呢？有人说，这些石头寓意泰山七峰，满族人主中原后，为表明其亦为华夏一员，乾隆皇帝诏令于东北角增设一石，有华夏一家、江山一统之意。但其实只要稍微了解一点古代文化和天文知识，就会明白这些石块象征的是北斗七星，多出的一块小石头代表北斗的附座——辅星。

小型望远镜中看到的开阳星和辅星

辅星是一颗 4 等星，位于斗柄第二星开阳近旁，两星距离很近，约为月亮直径的 1/3。古代大气透明度好，通常观看 4 等星没有困难；但由于它紧邻开阳星，视力差的人分辨起来有一定难度。据说古代阿拉伯人用此星来检验士兵的视力，能分辨出辅星者才算合格。我们常说天空中相距很近的星星，实际距离遥远，只是恰好在我们视线的同一方向，看上去很接近罢了。但这话用在开阳和辅星上并不合适，这两颗星的实际距离仅为 0.25 光年，这在天文上是很近的距离了，要知道与太阳距离最近的恒星也远在 4.2 光年之外。

玄戈、招摇——北斗九星之谜

在道教星神中北斗不仅包括明亮的 7 颗星，还包括两颗隐星，称为左辅、右弼。据说隐星不是一般凡夫俗子能看到的，有机会一睹其尊容的人都是能得道成仙的。传说西汉权臣霍光家中有一个家奴，一天夜里看到北斗九星中的辅弼二星异常明亮，倒头便拜，结果活到了 600 岁。其实辅星在开阳旁是可以看到的，所谓弼星则查无实据，不过是道士们的杜撰罢

北京天坛七星石（徐乃康摄）

了。至于《宋史·天文志》说："第八星曰弼星，在第七星右，不见……第九星曰辅星，在第六星左，常见。"这很可能是道教反过来影响天文的结果，道士们把北斗九星说得神乎其神，不由得星占家不信了。

不过在中国历史上北斗最初还真有可能是九星，李约瑟在《中国科学技术史·天文卷》中，曾经指出中国上古有北斗九星之说，但由于岁差，八九两星退出恒显圈，于是北斗九星便随之改为七星。竺可桢先生认为这被遗忘的八九两星分别为斗杓延长线附近的玄戈和招摇两星，并指出《淮南子·时则训》中用招摇星在 12 个月中的不同指向来判断时节的做法，表明了北斗九星的存在及其上古时确定季节的功用。

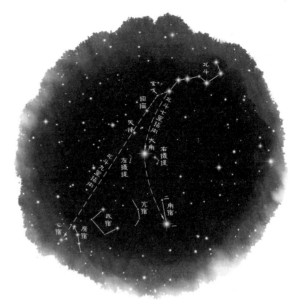

后世北斗七星指向大角和角宿方向，先秦北斗九星则指向心宿方向。

中西对照

在希腊神话中，月亮女神的侍女卡利斯忒（Callisto）因与宙斯生下了男孩阿卡斯（Arcas），被宙斯的妻子赫拉变成一头母熊。宙斯则将阿卡斯变成小熊，让母子俩相认，并将他们升到天界成为大熊座（Ursa Major）与小熊座（Ursa Minor）。但赫拉并没有就此放过这对母子，她让这两个星座日夜不停地绕着北天极旋转，永远不能落到海平面以下休息片刻。

大熊座是全天第三大星座，包括北斗、天理、文昌、三台、内阶、三师、天牢、太阳守、太尊等星官。北斗七星就位于大熊的臀部和被夸大的尾巴处，三台则对应 3 只熊掌。

小熊座内最亮的星是小熊座 α，也就是今天的北极星勾陈一，西名为"Cynosure"，意思是狗尾巴，这大概是因为这个星座最初曾被赋予狗的形象吧。小熊座的形状和北斗有些相似，但要小一些，因此也被称为"小北斗"。

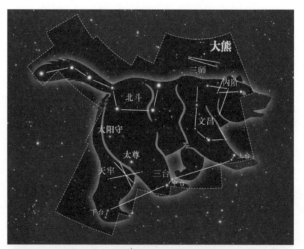

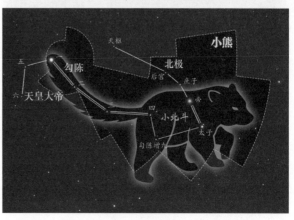

斗姆元君像　　　　　山西永乐宫壁画中的天蓬元帅　　　　　摩利支天像

天蓬元帅——猪八戒的前世今生

《西游记》里的猪八戒，本是玉皇大帝手下掌管天河水兵的天蓬元帅，因醉酒调戏嫦娥被贬下凡。哪知错投了猪胎，成了猪头猪脑的模样；又因好吃懒做，贪图女色，常被孙悟空戏弄。但天蓬元帅在道教神系里非等闲之辈，是紫微大帝驾前四大天将之首，三头六臂、身长五十丈，统领神兵三十六万，堪称道教第一护法天神。如果深究其身世，我们会发现这位叱咤风云的神将正是北斗星神的化身，《道法会元》中有多处提到天蓬元帅与北斗七星的关系。

北斗星神下凡为何会变成猪，难道仅仅是错投了胎吗？《西游记》第八十五回，猪八戒曾自我介绍说："巨口獠牙神力大，玉皇升我天蓬帅……一嘴拱倒斗牛宫，吃了王母灵芝菜。"这天蓬元帅"巨口獠牙"的外貌，如果不是猪的话，也绝对不能算是个人。而拱倒斗牛宫，糟蹋王母娘娘的菜园子，分明就是猪的习性和觅食特点。难道这天蓬元帅、北斗星神原本就是猪不成？

道教中有一位女神，叫斗姆元君，共有九子，老大紫微大帝，老二勾陈大帝，其余七个兄弟就是北斗七星。这位斗姆元君四面四首，其中有一面竟是猪脸。佛教中也有位护法女神叫摩利支天，三头八臂，也有一个是獠牙吐舌的猪头。这位女神还常有一头野猪陪伴身边，她的车舆更是由七头猪拉着，而这七头猪代表的正是北斗七星。

元杂剧《西游记》中，猪八戒的前身就是摩利支天手下的御车将军，也就是从那些猪演变而来的。只是后来到了吴承恩笔下，猪八戒的前世才变成了天蓬元帅。但不管怎么说，这猪八戒的前世都算是和北斗及猪脱不开关系了。

擒纵神猪——一行做法赦天下

我们再来看一则北斗与猪的故事。唐代《明皇杂录·补遗》记载：唐代密宗高僧也是著名天文学家的一行，受唐玄宗推崇，对他言听计从。有一次，一行年幼时的恩人王姥姥因儿子杀人入狱，向一行求救。一行很为难，王姥姥对自己有大恩，应该帮这个忙，但犯了王法，又怎能用私情了却呢？王姥姥见一行迟迟不肯相救，遂拂袖而去。一行心怀愧疚，后来终于想出一个点子，命人在浑天寺内腾出一间屋子，搬进一口大瓮，并吩咐两个心腹仆人携布袋，躲藏在一个荒废的园子中，等有东西出现，必须一个不漏地捉住。二人按计行事，到了傍晚，一群

斗魁中四颗星为天理

河姆渡文化陶钵上的猪图案

小猪突然出现，二人将它们全部捕获，一共七头。一行大喜，将猪装入瓮中，盖上盖并用泥封好，然后用朱笔在上面写了一些梵文。第二天一早，一行就被召入宫中，玄宗说："太史官来奏，昨夜星空中不见了北斗七星，这是什么征兆？大师可有解救之法？"一行说："过去曾有过火星不见的事，但帝车不见是亘古未有的，可能会对陛下不利。但如果陛下有盛德之举，终究是会感动上苍的，佛门主张宽恕一切人，依臣下的意见，不如大赦天下。"玄宗听了一行之言，随即宣布大赦。于是，王姥姥的儿子也得到了赦免。第二天傍晚，太史奏说见到北斗第一星，到第七天傍晚，北斗七星便全部重现于天。而当人们回到浑天寺揭开藏猪的瓮盖时，瓮内已经空了。

这个故事虽说荒诞不经，但为我们进一步揭示了北斗与猪的关系。其实六七千年前的红山文化、大汶口文化和河姆渡文化，就存在着猪崇拜与北斗崇拜迹象。一些刻有猪形象的器物，可能与北斗或星象有关。《春秋说题辞》曰："斗星，时散精为彘（zhì），四月生，应天理。""彘"即猪，散精为彘，即其精灵为猪。猪怀孕四月而生产，这个数字对应于四季，所以说应天理。斗是一种舀酒器，在这种器物出现之前，人们是怎样称呼北斗的呢？《山海经·海内经》有"司彘之国"的记载，即观测彘星定季节的国家。故一些学者认为，在石器时代，人们就认识了北斗，并学会了用它定季节的方法；只不过那时并不把它称为"斗"，而是称之为"彘星"。

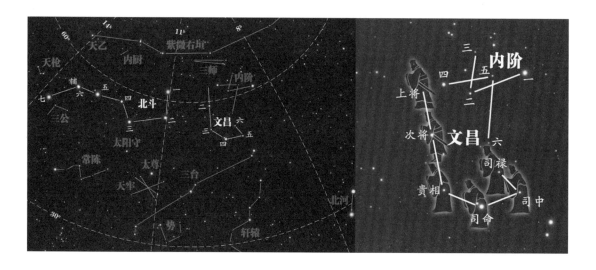

明清以后的中国星图中文昌一缺失，按潘鼐《中国恒星观测史》的观点，系明清两代进行中西星名对译时发生错误，文昌一被误当作了内阶四。

文运之神——文曲、魁星、文昌、禄星细区分

《封神演义》中姜子牙封有着七窍玲珑心的比干为文曲星，《水浒传》开篇说开封府龙图阁大学士包拯是文曲星下凡，还有民间传说范仲淹、文天祥都是文曲星转世。古代百姓甚至认为，凡是文章写得好又官居要职的人都是文曲星下凡。比如，《儒林外史》中范进中举后兴奋过头而发疯，有人出主意让范进平日最怕的岳父胡屠户将他打醒，但胡屠户认为，中了举的人都是文曲星投胎，打不得。看来文曲星挺忙活，时不时就要下"基层"一趟。但文曲星究竟在哪儿呢？其实它就是北斗第四星天权。这颗北斗七星中最暗弱的星，在道教和民间被奉为文曲星。

魁星点斗

中国很多地方建有"魁星楼"或"魁星阁"，那里曾是各路书生在赶考之前必去的地方，如今它们的香火依旧旺盛。一般称北斗一至四为魁，但也有文献记载北斗一为魁星。魁字有首、第一等含义，这就是魁星成为主管科举成绩之神的原因。魁星在书生中甚为走红，他们拜魁星祈求金榜题名，今天仍有很多学子会在高考之前祭拜魁星。不过魁与奎同音，民间经常将其与二十八宿中的奎宿混淆，相关故事我们还会在奎宿的章节中介绍。

在北斗的斗魁旁，有一组半月形的暗星，古人觉得它像个筐，有"斗魁戴匡（筐）"之称，这个筐一样的星官便是"文昌"。在星占中文昌六星代表6个政府部门或官员，分别为上将、次将、贵相、司命、司中、司禄，他们的司职涉及治理文教礼乐、赏罚官员、添加俸禄、加官晋爵等方面。在道教的神祇系统中，文昌神叫作文昌梓潼帝君，本是蜀地梓潼的地方神，由于逃往四川避安史之乱的唐玄宗大力鼓吹，这个地方小神一跃成为全国性的大神。古人多认为此神在保佑学子求取功名方面颇为灵验，据说王安石就因进梓潼神庙避雨，而高中状元并官至宰相。南宋陆游的《老学庵笔记》也记载了一个姓李的读书人，在梦中得到梓潼神指点，最终考中举人的故事。所以后来梓潼神干脆与传统观念中掌管文运的文昌星神结合，演变成掌管文人仕途命运与科举考试的神灵。文昌在司职上与魁星雷同，不过好在他们的相貌很好区分，文昌神是正襟危坐的人间帝王打扮，而魁星则青面獠牙，做金鸡独立脚踢北斗状。

福禄寿三星，是中国古代诸神中最受百姓欢迎的吉祥星官组合。福星的原型是木星，寿星由老人星演变而来，禄星的本源则在文昌宫中。文昌第六星（也有称第四星的）为司禄，对应西汉时期的吏部尚书，掌管朝廷人事选拔和官员升迁，相当于今天的人事部长，它就是古人信仰的禄星原型。民间常将参宿三星附会为福禄寿三星，但这种说法没有星占史料依据。禄星和文昌帝君都主宰功名利禄，而且都源自文昌星官，不被混淆才怪。因此唐宋以后，禄星被附会为送子神张仙，从单一的主管加官进禄演变出具有送子功能。今天，禄星与福星和寿星一起，仍然频频出现在年节喜庆场合，寓意福气、财运和健康长寿。

清人张于栻画作中的文昌星君

清末书画家黄山寿作品中的禄星

太微垣

天帝上下天庭使用的台阶 **三台**

宫中禁卫军，或侍
卫天帝左右的常侍 **常陈**

天子的储君

宫中禁卫军的统领

陪伴在天帝身边的侍从

保卫天帝的勇士

护卫天帝，听候
差遣的郎官之位

受宠幸的臣子

郎将

虎贲 **少微**

代表才智艺能之

从官 西上相

郎位

幸臣 **太子**

五方之帝的座位

东上将

五诸侯

五帝座

西次相

长垣

边境上的城墙

在朝参与
国政的诸侯

太微左垣

东次将

太微

西次将 **太微右垣**

九卿

内屏

西上将

灵台

地位仅次于三
公的高级官员

东次相

三公 **谒者**

观测天象占卜
国大事的天文

古代地位最高的官员

东上相

左执法

右执法

明堂 天子祭祀与发布政令之处

负责接待引见宾客的侍从

用以遮蔽帝庭的屏风

太微垣

上元天庭太微宫　昭昭列象布苍穹
端门只是门之中　左右执法门西东
门左皂衣一谒者　以次即是乌三公
三黑九卿公背旁　五黑诸侯卿后行
四个门西主轩屏　五帝内座于中正
幸臣太子并从官　乌列帝后从东定
郎将虎贲居左右　常陈郎位居其后
常陈七星不相误　郎位陈东一十五
两面宫垣十星布　左右执法是其数
宫外明堂布政宫　三个灵台候云雨
少微四星西北隅　长垣双双微西居
北门西外接三台　与垣相对无兵灾

寻找太微垣——朱雀背负轩辕东

　　中国古人在南方朱雀七宿的翼宿和轸宿北面，特地划出一块区域建立了星空帝国的最高行政机构，也就是天帝处理政务的天庭——太微垣。在这片天空中，有文官武将治理天下，也有贤者达人高谈阔论，甚至还有天神领袖执掌自然世界的万物兴衰。但如今要在城市的夜空中寻找这个地方并不那么容易。早春之夜，我们会在南方看到一个巨大的反写问号，那是西方星座中狮子座的头部，也是中国轩辕星官的主体。顺着轩辕往东，在狮子尾巴尖上有一颗亮星，名为五帝座一，它所在的星官"五帝座"就在太微垣中。狮子的尾巴再往东一点，还能看到一些模模糊糊的暗星聚在一起，这实际是一个疏散星团，称为"后发星团"，那里汇集了郎位诸星。倘若向北寻去，在北斗七星的斗柄下方不远处有一颗亮星"常陈一"，也属于太微垣。由此看来，太微垣占据的天区还是不小的。

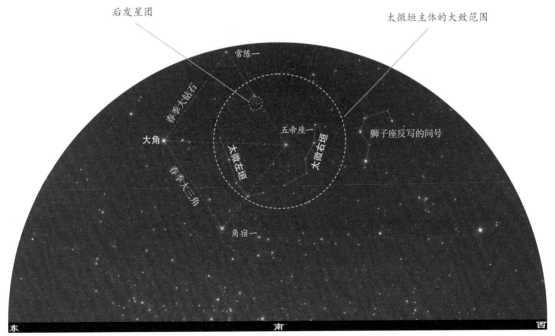

北纬40度地区5月初21点左右的南方天空

太微天庭——几番喧闹议事厅

太微垣是什么意思呢？形象一点说，就像如今的政府办公地点，或者说是天上的议事厅，一座名副其实的"天庭"。在太微垣中，大大小小古往今来的官宦们拥挤在一起。除了前面提过的五帝座是五方上帝的座位外，五帝座北面是太子、从官以及天帝宠爱的幸臣。五帝座东边是三公、九卿、五诸侯等近臣。五帝座前的内屏如同一道影壁，起到屏蔽帝庭的作用。左右执法，

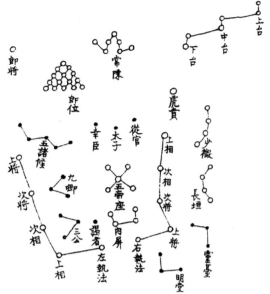

明代顾锡畴《天文图》中的太微垣星图

东西上将、次将，东西上相、次相，10颗星组成太微垣的左、右两道垣墙。垣墙北面是虎贲、郎将、郎位、常陈等侍卫人员。右垣外还有一些和政权相关的设施，如明堂、灵台等。

五帝座——五方上帝耀太微

先秦时期，中国古人对自然的阐释主要有两种思想：一种是用阴阳二气解释天地自然，这就是"阴阳学说"；另一种是用木、火、土、金、水来解释世间万物，被称为"五行学说"。依据五行思想，古人认为天上有五方上帝，分别是东方苍帝灵威仰、南方赤帝赤熛怒、西方白帝白招拒、北方黑帝叶光纪以及中央黄帝含枢纽。这并不是说天上有5位天帝，实际上天帝只能有一位，五方上帝能称"帝"，但并不能配"天"，他们的地位低于天帝，是协助天帝管理万物的副手。五方上帝的座位，在天庭中共有两处，一处是紫微垣中的五帝内座，另一处就是太微垣中的五帝座。《步天歌》将这两个星官都称为"五帝内座"容易混淆，需引起注意。五帝座五星只有五帝座一较为明亮，它也是太微垣中最亮的一颗星，对应中央黄帝。历史上五帝座曾被分为黄帝座与四帝座两个星官。

少微——能人的聚会之地

在太微垣西边，有一个星官称为"少微"，听名字不及太微那样有气势，但少微四星所代表的都不是凡夫俗子。按照《晋书·天文志》的说法，南面第一星是处士，第二星是议士，第三星是博士，第四星是大夫。如果少微星明亮并呈黄色，说明朝廷举贤任能，天下安宁。此外还有一种说法称：少微第一颗星代表了老

子和许由，是道家的地盘，真人也。第二颗星代表了孔子，是儒家的地盘，为处士。第三颗星指鲁班、奚仲等能工巧匠，是工士。后面两颗星分别是星占术士和力大无穷的"能士"。但这里少微成了五星，与陈卓体系和《步天歌》不符，究其原因，可能是因为《史记·天官书》在介绍太微时有一句"廷藩西有隋星五"。

三台星——东方朔的占卜

在太微垣这个官宦云集的地方，最有故事的却是位于垣墙外距北斗不远的6颗并不很起眼，但排列非常规整的星，它们被称为三台。这三台是什么东西呢？其实就是3个台阶，但这台阶非同小可，上接紫微垣中的文昌宫，下通太微垣，是专供天帝使用的。每日天帝上朝先经内阶到达文昌宫，再由文昌经三台抵达太微垣。

这6颗星又分别代表什么呢？在古天文星占中，有一家叫作"泰阶六符"，就是通过占卜三台星来知天下。在他们眼中，三台又称泰阶，分上中下三阶，每一阶的上下两星又各有所主，上阶上星象征天子，下星为皇后；中阶上星比附诸侯三公，下星指卿大夫；下阶上星代表士，下星是庶民百姓。在《三国演义》中，诸葛亮病卧五丈原后扶病出帐，仰观天文，十分惊慌。他对姜维说："吾见三台星中，客星倍明，主星幽隐，相辅列曜，其光昏暗。天象如此，吾命可知！"这里三台中幽隐的主星，按照诸葛亮的身份推断极有可能是中台上星。

据说三台星的占卜之法是汉代东方朔所创，当时汉武帝喜欢射猎，便有大臣建议在终南山附近修建打猎专用的苑囿。东方朔认为这种做法劳民伤财，过于奢靡，于是冒死进谏，认为修苑囿需看天象，愿陈上自己所创的"泰阶六符"，并用其进行占卜。因东方朔奏陈泰阶六符有功，汉武帝封他为太中大夫，并赐黄金百斤，但他的意见并没有被采纳，武帝后来还是修建了上林苑。

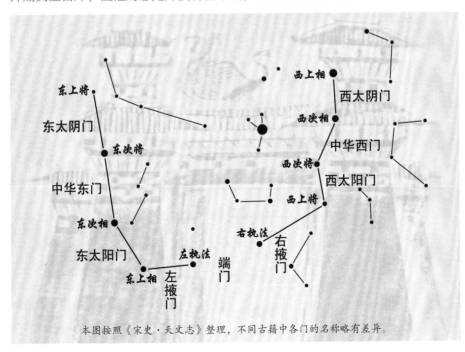

本图按照《宋史·天文志》整理，不同古籍中各门的名称略有差异。

三垣的垣墙清代分为左右两个部分，清以前则是分东西，左垣称东蕃，右垣称西蕃。垣墙间还设有大门，紫微垣在两道垣墙的开口处设有两座大门，左枢与右枢之间的为南门，称为阊阖门；上丞与少丞之间的为北门，也叫后门。太微垣虽然没有紫微垣面积大，但除了在垣墙开口处设了一座"端门"外，左右垣墙的各星之间还设置了8个门，一共9座大门，好不气派。

天市垣

屠宰、宴饮、娱乐、住宿等场所

天帝的后宫，嫔妃所居之处

女床

天纪 主管天下纲纪，办理诉讼

7位议政大臣

七公

执政的皇族，与天帝有血缘关系的王公大臣

中山

九河 赵

魏

贯

关押犯罪百姓的

齐

屠肆

宗 帛度

市场的标准尺度，或布匹市场

河中

河间

晋

郑

周

吴越

天帝在天市垣中的座位 **帝座**

侍候天帝的太监

候

宦者

斗

测量液体的器具

蜀

负责观察天象或迎送宾客的官员

天市

斛

测量固体的器具

巴

徐

天市左垣

宗人

宗正

东海

天市右垣

列肆

梁

楚

交易金银、珠宝、玉等贵重物品的市场

天帝的亲属或负责宗室礼法与祭祀的官员

燕

市楼

出售小百货的车摊

车肆

韩

南海

宋

管理市场的政府机构

天帝的宗族或主管货物品名的官员

天市垣

下元一宫名天市　两扇垣墙二十二
当门六角黑市楼　门左两星是车肆
两个宗正四宗人　宗星一双亦依次
帛度两星屠肆前　候星还在帝座边
帝座一星常光明　四个微茫宦者星
以次两星名列肆　斗斛帝前依其次
斗是五星斛是四　垣北九个贯索星
索口横者七公成　天纪恰似七公形
数著分明多两星　纪北三星名女床
此坐还依织女傍　三元之像无相侵
二十八宿随其阴　水火木土并与金
以次别有五行吟

寻找天市垣——苍龙背负一群星

　　初春到仲夏的夜空被一条青龙所统治，我们要找的天市垣就在青龙的背上。但要定位天市垣最好还是先从几颗亮星开始，织女一与河鼓二是夏夜的绝对主角，在它们连线的西南方有一颗 2 等亮星，与它们一起构成一个近乎等边的三角形，这颗星就是天市垣中最亮的恒星——候。候星与其以南的几颗星一起构成一个巨大的钟形，那是西方星座中最为缠绵的蛇夫座和巨蛇座，中间为蛇夫座，巨蛇座被蛇夫分割为一头一尾两部分。如果找到这组星，便找到了天市垣的南部。夏季夜空头顶附近有一组不甚明亮但形状特殊的星，它们像一串 C 字形的珍珠项链，民间称其为"八角琉璃井""荷包星"等，官方的叫法为贯索，它为我们标记出了天市垣北墙外的区域。不过定位天市垣最简单的方法，还是先找到织女一、河鼓二、大角、大火这四颗春、夏两季夜空中最亮的星，它们所围成的巨大四边形内就是天市垣的主体所在。

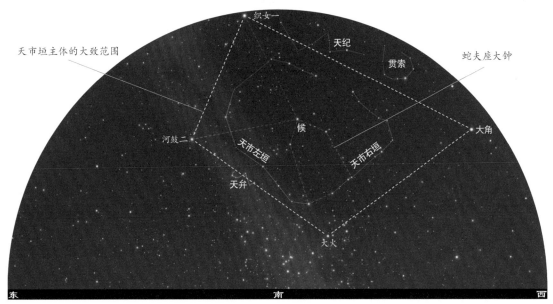

北纬 40 度地区 8 月初 21 点左右的南方天空

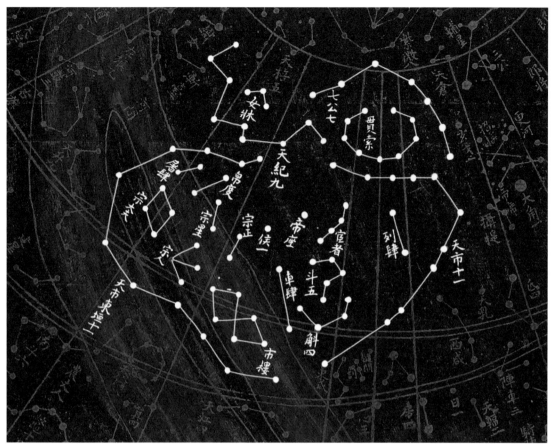

朝鲜《天象列次分野之图》中的天市垣，在宗星与宗人星东边有宗大夫1官4星，这是现存任何中国星图都没有的星官。《开元占经》有"宗正二星，在帝坐东南，宗大夫也。"《石氏赞》则称："宗正二星，宗大夫。"这样看来宗大夫4星，很可能是因其星占作用与宗正相同，被整理汇总三家星官的陈卓删除了。

天市垣——天上街市叫卖多

天市垣里都有什么呢？真的是天上的街市吗？其实天市垣有两层用途，既是天帝接受各路诸侯朝拜的地方，又是全国商贾汇集的交易之所。作为前者，天市垣中必然有与天帝出巡相关的星官，比如帝座，是为天帝一年一度的巡视准备的龙椅，七公和天纪代表三公九卿，宗星为天子的亲戚，女床为后宫御女侍从，宦者是天帝身边的太监。前来朝王的各路诸侯有22位，天市左垣包括宋、南海、燕、东海、徐、吴越、齐、中山、九河、赵、魏，共11位；天市右垣包括韩、楚、梁、巴、蜀、秦、周、郑、晋、河间、河中，也是11位。

作为后者，天市垣称得上星空帝国中最热闹的地方。在这个天上的贸易市场中，各路商贩云集：帛度是买卖绫罗绸缎的店铺；屠肆是宰牲卖肉的地方；列肆是奢侈品商店，专售珠宝玉器古玩；车肆是移动货郎，出售小百货。这么多商贩难免没有缺斤短两的奸商，天市垣中的斗和斛两个星官就是保护消费者权益的公平秤。市楼六星执掌市场规范，相当于现在的工商局。"天弁"则是这个工商局的局长，主管物价、税收、办理营业执照等事务，但不知为什么被安排在天市垣的左垣外，而且《步天歌》也没有将其划入天市垣。

处心积虑的皇城——朱元璋的应天府

朱元璋攻取集庆路（今江苏南京）后，改集庆路为应天府，并开始营建都城。正当都城如火如荼地建设时，朱元璋突然颁布了一项让众臣颇为吃惊的敕命——朝中各重要机构都可在京城内安家，唯独极为重要的三法司（刑部、都察院、大理寺）必须建在城墙北门外的玄武湖畔。原来，为了凸显自己授命于天，朱元璋要求京城一定要取法于天上的星象，应天府的整体结构就仿效了天市垣的形制。在天市垣北墙外，有一组项链般的小星围成一圈，古人称之为"贯索"，又名"天牢"。若把天市垣看作天上买卖商品的市场，那么贯索就是市场派出所，专押那些偷萝卜摸土豆的小偷。但在朱元璋看来，贯索并非只针对市井毛贼，天下的刑罚大事也由它掌管，正相当于当时的三法司。可这贯索偏偏位于天市垣的右垣墙外，要效法于天，三法司就只能屈尊搬到城北太平门外了。为了将自己打扮成奉天承运的真命天子，朱元璋真可谓用心良苦啊！

明初南京城地图

贯索——毛贼的监狱

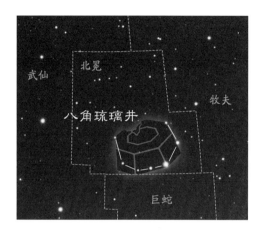

八角琉璃井是一个留传于华北地区的民间星座。据说原本是八颗星组成的八角井，后来王母娘娘生气踹掉了一个角儿，少了一颗星变成了一口缺角井。

贯索是星空帝国中一座关押市井毛贼的监狱，后来"贯索城"甚至成了监狱的代名词。但贯索一词似乎和监狱没有半点瓜葛，贯通常作"穿""连"讲，索是绳索，所以有人将贯索解释为连起来的大粗绳。如此一来，贯索就成了用绳索圈出的一座监狱，这多少有点画地为牢的意思，而且在明清时期的星图上这座牢房的后门还是敞开的。难道天上的毛贼远比地上的同伙素质高，被抓之后即使关在这形同虚设的牢房中也不会逃跑，真是"盗亦有道"啊！

其实，贯索之名有两种较合理的解释，其一是指绑绳。清代对于罪行较轻的囚犯，不使用铁镣，而是"只用贯索束颈"。其二是指钱串。古人以绳索穿钱，"贯"字的本意就是穿钱的绳子，后来引申为钱币单位，"索"也基于同样的原因成为货币量词。每千文为一贯，也称一索。北宋末年，吏治腐败买官卖官明码标价，民间就有"三千索，直秘阁；五百贯，擢（zhuó）通判"的说法。贯索两个量词连用指钱串，所以我们不妨将贯索九星理解为天上的一串钱财。世上总有见财起意的人，天上大概也不例外，干出些违法的事情自不稀奇，因此古人由钱财联想到犯罪，由犯罪联想到监狱。那些见财起意的歹徒，最终掉进钱眼里不能自拔了。

中西对照

传说阿波罗之子阿斯克勒庇俄斯（Asclepius）医术高明，救活了很多濒临死亡的病人，使阴间的人口越来越少。这样一来可气坏了冥王哈得斯，他向宙斯告状，说阿斯克勒庇俄斯破坏了神界的秩序，宙斯一怒之下用雷锤击毙了阿斯克勒庇俄斯。但后来宙斯觉得他是个仁慈的医生，将他打死实在于理不当，于是就把他的灵魂接到天上，成为蛇夫座（Ophiuchus）。"候"星就是蛇夫的头，"宗正一"和"斛二"是他的双肩。

星空中的阿斯克勒庇俄斯手中握着一条巨蛇，它就是巨蛇座（Serpens）。因为古希腊人把蛇蜕皮看作是恢复青春，而医生的工作就是使人恢复青春。巨蛇座被蛇夫座分割为蛇头和蛇尾两部分，巧的是这两部分基本与中国星官中天市垣的垣墙南部对应。

武仙座（Hercules）在希腊神话中是大名鼎鼎的大力神"海格立斯"，这位大英雄完成了12件不可能完成的任务，从而升上天界与列神比肩。

北冕座（Corona Borealis）被波斯和早期的阿拉伯人称为"乞丐的盘子"，澳大利亚土著则将其看作他们发明的"飞去来器"。在希腊神话中，这顶镶着7颗宝石的华丽冠冕是酒神狄俄尼索斯送给阿里亚德妮的新婚礼物，"贯索四"就是冠冕上最大最亮的一颗宝石。

陕西靖边杨桥畔东汉墓星图（徐刚摹本，缺损部分进行了补绘，非严格复原）

此图出土于2015年，图中星名标注完整尚为仅见，除二十八宿外，还出现了北斗、三台、天牢、天市、郎位、五车、狼、弧矢、司命、司禄等星官。原壁画朱雀与龙角部分脱落严重，摹本这部分星点和连线为作者补绘，仅供读者参考。

—— 第三章 ——

东方七宿

角 \ 亢 \ 氐 \ 房 \ 心 \ 尾 \ 箕

东方苍龙

钩铃今

房

心

箕

神官

尾

周鼎 周朝的鼎

角

天田 天子躬耕的籍田

角

黄道上的通道 平道　　　进贤 卿相举荐贤才之意

进入天庭的大门 天门

代表法律、政令以及执法官员 平

柱 支撑库楼的柱子

柱

柱　　衡

柱　　库楼 战车及兵器库同时也是兵营

柱

房梁上的桁条，代表士兵操练的地方

南门 天庭的外门

角

南北两星正直悬
中有平道上天田
总是黑星两相连
别有一乌名进贤
平道右畔独渊然
最上三星周鼎形
角下天门左平星
双双横于库楼上
库楼十星屈曲明
楼中柱有十五星
三三相著如鼎形
其中四星别名衡
南门楼外两星横

寻找角宿——刺破隆冬春来到

早春之时，入夜后东方就会升起两颗亮星，一颗蓝白一颗橙黄。如果将这两颗星连起来，向北寻去，便可轻易找到北斗七星的斗柄，把它们算在一起，就有了观星者口口相传的"春季大弧线"。在这一蓝一黄两颗星的带领下，一串星将依次从地平线升起，组成一条巨龙腾跃于夜空东方，这便是东方苍龙七宿。

倘若找到了春季大弧线最南边的那颗蓝白色亮星，便找到了苍龙七宿中的第一宿"角宿"。角宿，顾名思义是龙的犄角，那颗蓝白色亮星即为角宿一，不远处一颗较暗的星为角宿二。《步天歌》中归属角宿统帅的星官共11个，除角本身外，还有周鼎、天田、平道、进贤、天门、平星、库楼、柱、衡、南门等10个星官。

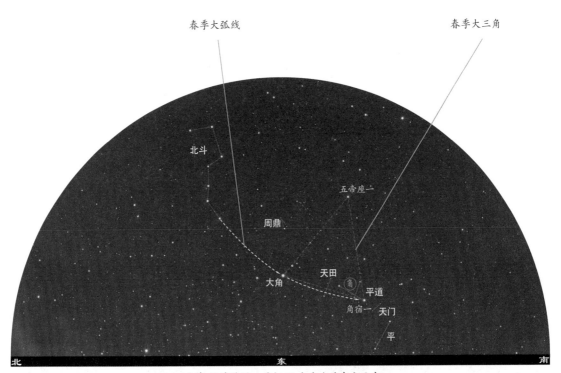

北纬40度地区4月初21点左右的东方天空

角宿一——北斗勺尖指春秋

角宿为何能成为二十八宿之首？从某种意义上说，角宿受到如此青睐还有北斗七星的功劳。北斗是上古时期人们用于确定季节的重要星象之一，古人把北斗斗柄的指向作为标识季节的指针，而这弯弯指针所指的亮星便是大角和角宿一，《史记·天官书》所谓的"杓携龙角"就是此意。而这一连串的亮星构成了春季夜空中一条绚丽的大弧线。因此，古人不看北斗，只看角宿一升起，便知作为一年之始的春季已经到来。

在日本，角宿一有"珍珠星"的称谓，它色泽蓝白温润，是一颗蓝巨星。由于它距离黄道不远，在夜空中可以当作黄道的标记。在角宿一的周围，没有一颗恒星的亮度能与其匹敌，因此阿拉伯人称它为"不设防的人"或"没有武装的人"。

天门——三光之驰道

《晋书·天文志》称："角二星为天关，其间天门也，其内天庭也。故黄道经其中，七曜之所行也。"古人之所以把角宿称为天关，是因为角宿为二十八宿之首，两星一南一北把守黄道，是日、月及五大行星运行的必经之路，而且它又位于黄道和赤道交点之一的秋分点附近，所以古人将角宿看作日月五行出入天庭的大门，称之为"三光之道"。也正是由于这个原因，人们才在角宿附近安排了平道和天门这样的星官。

天田——天子躬耕之所

由于岁差，秋分点在黄道上逐渐西移，今天的秋分点位于太微垣左、右执法之间，但是在一两千年以前，角宿离秋分点要近得多，而且赤道也从角宿两星中穿过。

角宿二北边的天田星，象征天子躬耕的籍田，傍晚当它出现在东方时，预示着春耕的开始。每年春耕之前，天子就会亲率诸侯大臣举行籍田典礼，皇帝会带头下田，亲自赶牛犁地。当然这只是作秀而已，皇帝执犁象征性地推三个来回了事，目的是表明对农业生产的重视，要百姓们不忘农时，抓紧时间春耕春种。其实籍田二字本身已经说明了问题，这个"籍"字作借讲，是借百姓力量耕种的田地。

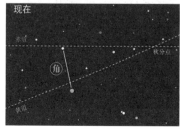

现在

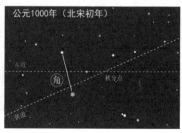

公元1000年（北宋初年）

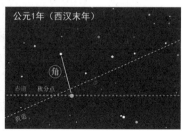

公元1年（西汉末年）

灵星——从祈谷到祭孔

　　秦汉之际星辰崇拜十分普遍，除了日月和五行外，心宿、参宿、北斗、南斗、老人星等都有专门祭祀的庙宇。汉高祖曾诏令天下修建灵星祠，灵星为何星？灵星也叫天田星，指的是角宿的左角，也就是角宿一。汉代祭祀灵星时，还配祭后稷，后稷为谷神，也是农神。那时祭祀灵星的主要目的也是祈求五谷丰登，所以汉代时灵星大抵也相当于主掌农耕稼穑的神灵。

　　汉以后灵星祭祀日渐衰落，到了宋代开始在祭天台周围建起墙垣并设置灵星门，这可能是汉代灵星祭祀的遗风。但也可能是因为角宿为天门，祭天要先从天门开始。今天，我们所见的明清皇家祭祀建筑群中也都建有这种形制的门。后世这种做法还被移用于孔庙，孔庙建筑群中轴线上的第一座门也是同样的类型。据说这象征着祭孔如同祭天，只是孔子和天上的灵星没有任何关系，又因为这种门的形状如窗棂，遂改称棂星门。

日坛棂星门（徐刚摄）

中西对照

　　角宿两星位于西方星座的室女座（Virgo）中，这个室女是希腊神话中的农业女神得墨忒耳（Demeter）。在西方古典星图中，她肋生双翅，右手持棕榈叶，左手握着一束麦穗，角宿一就闪耀在麦穗的尖端，它的西方专名为Spica，正是拉丁语"麦穗"的意思。室女座是全天第二大星座，除角宿外，天田、平道、进贤、天门都在室女座中，内屏、三公、九卿、太微左垣等位于室女的上半身，亢宿则在室女脚下。

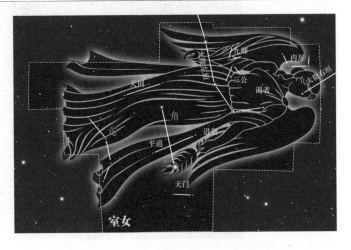

乾卦六龙——苍龙运行的写照

《易经》中的乾卦六龙，听起来似乎高深莫测，但如果说"潜龙勿用、见龙在田、飞龙在天、亢龙有悔"，熟悉武侠小说的朋友可能会说，这不是金庸笔下最上乘的武功之一"降龙十八掌"的招式吗？没错，这就是丐帮的镇帮绝学，乔峰、洪七公、郭靖等人就是凭借这几招威震武林的。而这些招式名称，其实就出自《周易·乾卦》。

一些学者认为乾卦的爻辞反映了古人对东方苍龙诸星运行的完整观测

乾

上九
九五
九四
九三
九二
初九

初九，潜龙勿用。
九二，见龙在田，利见大人。
九三，君子终日乾乾，夕惕若厉，无咎。
九四，或跃在渊，无咎。
九五，飞龙在天，利见大人。
上九，亢龙有悔。
用九，见群龙无首，吉。

结果。初九所说的"潜龙"，是苍龙七宿尚在地平线以下伏沉未出。九二的"见龙在田"，即黄昏时苍龙七宿中的角宿与天田星一起初现东方。"终日乾乾"指努力向上，对苍龙七宿而言，为其缓缓地从东方升起。"或跃在渊"为苍龙诸宿跃出地平，尽现于东南方。"飞龙在天"，即苍龙横亘南方中天。"亢龙有悔"为苍龙开始向西下落。而"群龙无首"，即指龙首的角宿落入西方伏沉不见。因此，有理由相信《周易·乾卦》中的龙指的就是东方苍龙七宿。

库楼——南方的军营

库楼十星，位于角宿的南边，也称"天库"，与周围的其他星官相比还是较为明亮的。前六星为库，是存放战车的车库；南面的四颗星为楼，大概是士

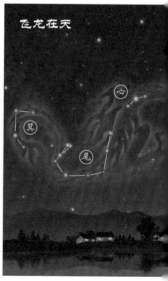

中西对照

半人马座（Centaurus）是南天的重要星座，传说中它是马人族中拥有多种技能并培养出多位希腊英雄的贤者"喀戎（Chiron）"。阳门、库楼、南门等星官就位于这个星座中，南门二的西方专名为 Rigil Kentaurus，意思是"马腿"。南门二实际是由 3 颗星构成的三合星系统，其中的 C 星称为比邻星，距离我们仅 4.24 光年，是除太阳外距离我们最近的恒星。

豺狼座（Lupus）原本是半人马座的一部分，公元前 200 年左右，古希腊天文学家喜帕恰斯（Hipparchus，又译伊巴古）将它独立出来，托勒密把它设定为"狼"，而阿拉伯人则把这个星座看成是一头母狮。位于豺狼座之内的中国星官有从官、积卒、顿顽、骑官、车骑等。

兵的营房。库楼内外分列五组"柱"星，按《步天歌》的说法每组都应是三颗星，它们象征支撑库楼的柱子或者战车上的旗杆。库楼内还有恒星四颗，主管士兵操练。这些星官构成了一个由天兵天将长期驻守的军营。

南门两星在库楼的南边，是库楼这座军营的南门，也被看作天庭的外门。南门二的亮度达到 –0.3 等，是全天第三亮星，但因位于南纬 60°，汉代以后在黄河流域根本就看不到了。

大角 天王的座位

亢

右摄提

辅助大角建立时节

左摄提

辅助大角建立时节

折威 执行死刑的官员

管理监狱的官员 顿顽

阳门 边塞关隘

四星恰似弯弓状

大角一星直上明

折威七子亢下横

大角左右摄提星

三三相对如鼎形

折威下左顿顽星

两个斜安黄色精

顽西二星号阳门

色若顿顽直下存

寻找亢宿——金色大角耀苍龙

春季夜空中的巨龙，以角宿一和角宿二为龙角。但这并不是古人最初的说法，在它们与北斗星之间，还有一颗更显眼的橙色亮星，名为"大角"，顾名思义，它也与龙角有关。在更远古的年代中，角宿一和大角才是这东方苍龙的两只利角。可能是因为大角较角宿一更为明亮，才有了大角一说。但后人认为大角离黄道较远，所以另找了颗较暗的角宿二替代了大角的位置，但大角之名一直保留至今。

大角无疑是亢宿星组中最显著的标志，其风头远远盖过了亢宿的主帅"亢"。亢是苍龙的脖子，由4颗暗星组成，大体位于角和氐的中间。其4颗星的连线呈一段背向角宿的弧，亢在星占中代表宗庙或天子内朝。《步天歌》中亢宿星组除了大角和亢之外，还有左摄提、右摄提、折威、阳门和顿顽5个星官。

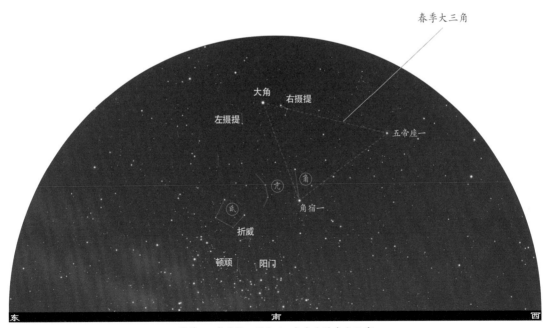

北纬35度地区6月初21点左右的南方天空

《五星二十八宿神形图》中的角宿及亢宿星神（唐代梁令瓚绘，一说梁张僧繇作）

亢——亢金龙的利角

孙悟空被困小雷音寺之时，上演了非常有趣的一幕：什么东西最硬？悟空的金箍棒？妖怪的金铙？还是星君亢金龙头上的犄角？金箍棒尽显金属的坚固，但顶不破那个能伸能缩、如橡胶般柔韧的金铙；金铙最终被亢金龙的角顶出一个洞，而悟空却又用金箍棒将亢金龙的角钻了一个洞，藏进洞里才得以脱身。

东方苍龙七宿从角宿开始，第一位星君为角木蛟，第二位则为亢宿的亢金龙，龙和蛟都属于东方神话中的龙族动物，这两个星宿被龙族统治，恰好和东方苍龙的形象吻合。随着初春草木的萌动，苍龙的头几宿也会出现在傍晚东方的地平线上，因此这几个星宿也大多与植物农事扯上关系。战国时期的著名星占家石申就认为，如果在秋分的时候看不见天上的亢宿，所有农业作物都会大量减产。

大角——帝王之座

金色的大角与泛着银光的角宿一，一刚一柔光芒相映结伴而行，仿佛春夜里的一对情侣，因此，有人称它们为"春天的夫妇星"。但在古人眼里，大角这颗北天第一、全天第四亮星的重要性却是作为其伴侣的角宿一所无法比拟的，它自古以来就和帝王以及国家命运联系在一起。《史记·天官书》说："大角者，天王帝廷。"《晋书·天文志》说："大角者，天王座也，又为天栋。"古代的星占者认为，若是大角星显得暗淡无光，那便预示着政局不稳。大角星颜色变化或者受到侵犯，帝王性命有忧。据记载，秦始皇时有彗星出现在大角星旁，大角被遮蔽不见。星占家们认为这一现象就是秦始皇死亡的征兆。

大角之所以这样受人关注，除了明亮和位置外，与它那和帝王崇尚颜色相仿的橙黄色光芒也不无关系。大角星为 K 型光谱，距离我们 36.7 光年，其质量与太阳相仿，但直径是太阳的 27 倍，是一颗已经进入暮年的巨星。而随着时间的推移，50 亿年后太阳最终也会演化成为一颗与大角类似的红巨星。

摄提——直斗杓所指

大角在中国古代天文中有特殊的地位，更深层次的原因恐怕在于它在确定季节时令方面的重要作用。那么古人是如何利用大角来确定季节的呢？我们先来看看大角星近旁的左、右摄提星吧，它们一左一右，分别由 3 颗星组成，将大角星夹在其中。"摄提"可能包含扶持、辅佐、提携等含义。它们配合大角星，完成指示时节的任务。《史记·天官书》说："其（大角）两旁各有三星，鼎足句之，曰摄提，摄提者，直斗杓所指，以建时节，故曰摄提格。"原来古人用北斗斗杓的指向确定时节，而斗杓所指的方向其实是通过大角和摄提星标示出来的，这样大角就在左、右摄提的辅助下起到了辨别方位，进而确定季节时令的作用。

恒星的颜色与分类

如果你有机会仔细观察晴朗通透的星空，那么一定不难发现恒星发出的光并不相同。它们不但亮度不同，而且颜色也有差别，比如大角为橙色，角宿一却是蓝白色，心宿二发红光，而天狼星却呈现苍白的颜色。

恒星的颜色，取决于它们表面温度的高低。按照温度由高到低的顺序，天文学家将恒星的光谱划分为 O、B、A、F、G、K 和 M 等七大类型。对应的颜色我们可以按照蓝、蓝白、白、黄白、黄、橙和红来区分。O 型也就是蓝色恒星，最热，它们的表面温度可达 30000℃以上，而红色 M 型恒星只有 3000℃左右。

型	颜色	温度	代表恒星
O型	蓝色	30000～50000℃	代表恒星：参宿一、参宿三、觜宿一
B型	蓝白	9700～30000℃	代表恒星：角宿一、参宿七、轩辕十四
A型	白色	7200～9700℃	代表恒星：天狼、织女一、河鼓二
F型	黄白	5800～7200℃	代表恒星：老人、南河三、勾陈一
G型	黄色	4700～5800℃	代表恒星：太阳、南门二、五车二
K型	橙色	3300～4700℃	代表恒星：大角、毕宿五、帝星
M型	红色	2100～3300℃	代表恒星：心宿二、参宿四、奎宿九

苍龙的节日——二月二，龙抬头

二月二是中国的传统节日，这一天被叫做龙头节或春龙节，民间流传着"二月二，龙抬头"的说法。何为龙抬头呢？这里的龙是天上之龙，原来，黄昏之后象征苍龙头角的大角及角宿从东方地平线上升起，此时整个苍龙的身子还隐没在地平线以下，故谓之"龙抬头"。龙抬头受岁差影响，出现时间会逐渐后移，汉初，龙抬头出现在惊蛰前后，而现在我们要到清明时节，才能在黄昏的余晖中看到苍龙昂首。那么，龙抬头是如何与农历二月二联系起来的呢？

这当中充当纽带的是惊蛰节气，惊蛰前后大地开始解冻，天气逐渐转暖，正是一年农业劳作之始，民谚称："过了惊蛰节，春耕不停歇。"惊蛰之际，也是春雷始鸣，降雨逐渐增加的时节。而俗话说"龙不抬头，天不下雨"，古人认为龙是兴云布雨能手，早在商周之际，人们在傍晚看到苍龙七宿缓缓升起，便要举行隆重的祈雨仪式。农历二月二靠近惊蛰，如同"三月三，正清明"一样，人们相信二月二是惊蛰的正日子。龙抬头并没有严格的定义，晚上9点左右能看到角宿升起大抵也能算是龙抬头了，这样明末清初仍能在惊蛰前后欣赏龙抬头天象。所以东方苍龙就通过惊蛰与二月二联系了起来。

古人重视"龙抬头"是因为其预示着春天的到来和春耕春种的开始，庆祝之余不忘农时才是正事。另一方面，庆祝龙头节也体现了人们对雨的期盼，希望神龙能降下一场春雨，滋润万物。

二月二前后，百虫蠢动，疫病易生，于是身为鳞虫之长的龙，便又有了另一项公干——压制蛰伏一冬的各种毒虫。这一天，人们扫房子，烧香火，撒草木灰，试图借龙抬头之威，将蜈蚣、蝎子之类不讨人喜欢的虫子扫地出门，驱病灭瘟。

龙抬头这一天各地的吃食也都要和龙粘上边。拉面名曰"龙须面"，饺子则是"龙耳饺子"，馄饨叫做"龙眼"，春饼名曰"龙鳞饼"，小米饭是"龙子饭"，甚至还有吃"扒猪脸"的，此时猪头寓意为"龙头"。为报苍龙之恩，这一日人们不动针线，怕刺伤龙眼。这些习俗寄托着人们对美好生活的向往——期待神龙赐福人间，保佑人畜平安，五谷丰登！

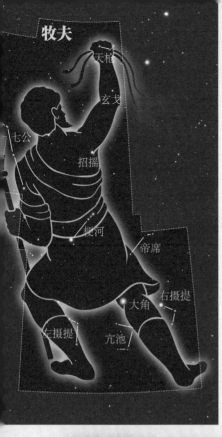

牧夫

中西对照

在日本，大角星被称为"麦星"，除了色泽相似外，太阳走到大角星附近，还预示着秋收季的来临。大角星的西方专名为Arcturus，意思是"看守熊的人"，这个名称显然和它所在的牧夫座（Boötes）有关，希腊神话中牧夫座是奉天后赫拉之命，追赶大熊和小熊的猎人。牧夫座中的几颗亮星构成一个类似领带或者风筝的形状。除大角之外，左摄提、右摄提，梗河、招摇、玄戈、天枪以及七公等星官也位于这个星座中，只是后几个不归亢宿管辖。

氐

招摇 *矛或盾牌*

梗河 *矛或盾牌*

帝席 *天帝宴会时的座席*

亢池 *亢宿旁的水池*

天乳 *乳汁或甘露*

氐

负责天帝车驾的官员 天辐

陈车 *皮革包裹的战车*

骑兵部队 骑官

骑兵将领 骑阵将军

车骑 *战车和骑兵*

四星似斗测量米

天乳氐上黑一星

世人不识称无名

一个招摇梗河上

梗河横立三星状

帝席三黑河之西

亢池六星近摄提

氐下众星骑官出

骑官之众二十七

三三相连十欠一

阵车氐下骑官次

骑官下三车骑位

天辐两星立阵傍

将军阵里振威霜

寻找氐宿——角亢的根基

若说角是苍龙的犄角，亢为苍龙的脖子，那么随之而来的"氐"又是什么呢？氐通柢，本意是指树木的根。所以《史记·天官书》说"氐为天根"，《尔雅注疏》也提到"角、亢下系于氐，若木之有根"。氐宿有时也称为"本"，本的原义也是指草木的根。这样看来氐似乎和龙没有什么直接的关系，但氐字作动词讲有抵达的意思，加上表示根基、最下面等含义，古人完全可能由此联想到动物的四肢，所以我们可以从氐宿所处的位置出发将它看作是东方苍龙的两个前爪。

氐宿在天空中并不显眼，既然"角、亢下系于氐"，因此我们可以通过角、亢的位置来推定氐的大致方位。不过更方便的方法是先找到角宿一，在角宿一的东边有一颗和它亮度相当的红色亮星"大火"，这两颗亮星中间偏上一点就是氐宿了。此外，氐宿四与春季大三角构成一个近似菱形的图案，我们也可以利用这一方法来寻找氐宿。氐宿四星组成一个不太规则的梯形，或者说是一个歪房子，这也应了氐为天子行宫的说法。

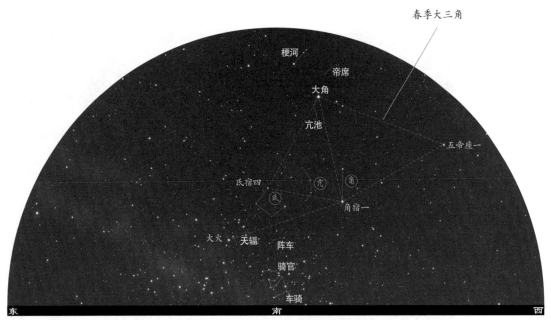

北纬 35 度地区 6 月初 22 点左右的南方天空

帝席——戒备森严的盛宴

氐宿所辖有几个与军事相关的星官，招摇与梗河这两个星官都是兵器，代表矛或盾牌，守卫天帝的是车骑、骑官、骑阵将军，阵车是古代的战车，天辐是车轮，为负责天帝乘车出行的星官，还有负责天帝走水路出访的星官亢池。这些星官在一起是寓意天帝御驾亲征吗？可能并非如此，氐宿中还有3颗星称为帝席，代表天帝宴会时的座席，也就是天帝宴请宾客的地方。于是，我们不妨将这片天区的景象想象为一场戒备森严的外交盛宴，抑或一场即将拉开帷幕的鸿门宴。

周伯星——从灾异到祥瑞

古人对星空的异常变化心怀畏惧，认为倘若夜空中突然冒出一颗从未出现过的星，就要天下大乱了。公元1006年5月1日天刚黑，大宋司天监的观测人员就在天空中氐宿南方的骑官附近发现一颗前所未见的亮星，起先它的亮度如同火星一般，但几天后史书记载它的光芒已经盖过了全天最亮的金星，如同半个月亮，甚至可以照亮地上的物体。这可吓坏了司天监的大小官员们，他们还从来没见过这么亮的星，它显然属于一颗"客星"。《乙巳占》说："客星者，非其常有，偶见于天，皆天皇大帝之使者，以告咎罚之精也。"按照这个说法，客星是偶然出现在天空中的过客，它们是天帝的使者，向天下宣告上苍的惩罚信息。古人还依据颜色和形态将客星分为五类，明大纯白的"老子"、状如粉絮的"王蓬絮"、大而黄白的"国皇"、色白的"温星"以及大而黄的"周伯"。但按照惯常使用的天文典籍记载，无论何种客星都是一个不祥之兆。现在客星出现在骑官、库楼等这些和战争有关的星官附近，难道又会有外族入侵吗？一年前北宋王朝才同辽国签订了"澶

超新星SN1006的亮度达到－9.5等，与弦月相当，是历史上最亮的超新星。《宋史·天文志》记载："景德三年四月戊寅，周伯星见，出氐南，骑官西一度，状如半月，有芒角，煌煌然可以鉴物。"

中西对照

氐四星都位于西方的天秤座（Libra）中，天秤座是黄道星座之一，它象征正义女神阿斯特利亚（Astraia）所掌管的天秤，代表正义与公正。位于秤杆北端的氐宿四是天秤座中最亮的星，它的独特之处在于那淡淡的翠绿色光芒。要知道，绿色的恒星是很罕见的，而它更是全天唯一肉眼可见的绿星。紧邻黄道的氐宿一西方专名为 Zuben Elgenubi，阿拉伯语的意思是"南方的爪"，这是因为古希腊人曾将天秤座视为天蝎座向西伸展的两只巨螯；同样氐宿四的专名为 Zuben Eschamali，意思是"北方的爪"。

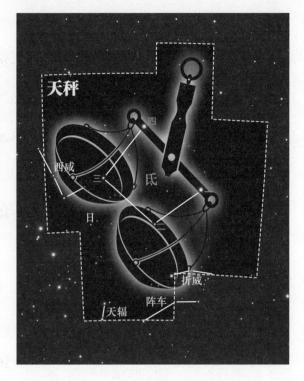

渊之盟"，怕是再也经不得刀光剑影的征战了，而司天监却迟迟不能给出一个明确的说法，一时间朝野上下众说纷纭，街头巷尾谣言四起。

此时，奉命出使岭南的司天监官员周克明火速返回京城开封。他力排众议，向宋真宗报告说，从颜色和形态上判断这是周伯星，接着他没有引用司天监常用的那些星占书籍中的说法，而是翻出了《天文录》和《荆州占》"周伯星黄色，煌煌然，所见之国大昌"的占词，称这是德星，为祥瑞，是大宋王朝繁荣昌盛的象征。宋真宗闻听此言大喜过望，马上肯定了周克明的说法，并立即给他加官晋爵，拜太子洗马、殿中丞。

周克明所言是否正确呢？反正此后没有出现兵荒马乱、饿莩遍野的景象，他的占验自然被作为经典案例载入史册。此后《宋史》干脆直接称该星为"周伯星"，以至于后来"周伯星"几乎成了这颗 1006 年客星的专用名了。但周克明真的比别人技高一筹，或者仅仅是个溜须拍马之徒呢？这还真不好说，关键问题在于客星的颜色，虽然《宋会要辑稿》一口咬定客星为黄色，但同时期的日本宫廷记录《一代要记》说"客星入骑，色白青"，所以不能排除周克明的说法得到皇帝赞赏后，于是众口一词，客星就成了黄色的这种可能性。

放下周克明的忠奸不表，通过这些历史记载我们知道这是一次极罕见的超新星爆发现象。这颗周伯星现在被称为 SN1006 超新星。超新星爆发异常猛烈，其亮度可以在瞬间增加上亿倍，使原本肉眼不能察觉的暗弱恒星变成全天最亮的星体之一。

星等

星星的亮度永远是观星者最关注的指标。为了区分恒星的亮度，公元前 2 世纪，古希腊天文学家喜帕恰斯将肉眼可见的恒星划分为 6 个等级，最亮的为 1 等，最暗的为 6 等。后来人们发现标准的 1 等星要比 6 等星亮 100 倍，星等每相差一个等级，亮度就相差 2.512 倍。根据这一规律，人们将星等进一步细化，用小数来更精确地区分恒星亮度的高低。当初喜帕恰斯指定的一些 1 等星太亮了，它们现在被定义为 0 等星，那些更亮的则用负数表示，如天狼星为 -1.46 等。如今使用望远镜观测到的众多暗弱天体早已突破 6.5 等星的肉眼极限，哈勃太空望远镜已经能够分辨出暗到 30 等的天体。

我们在地球上观测到的亮度并不能代表恒星的真实发光水平。一颗恒星的星等不仅取决于其实际的发光强度，还和它离地球的距离有关。如果我们将太阳放在离我们 32.6 光年远的地方，它的亮度将只有 4.8 等，而相同的距离上角宿一的亮度为 -3.5 等，夏夜亮星天津四则达到 -8.7 等。利用星等每相差一等，亮度相差 2.512 倍的关系，我们不难算出天津四的实际发光强度，即光度为太阳的 25 万倍。

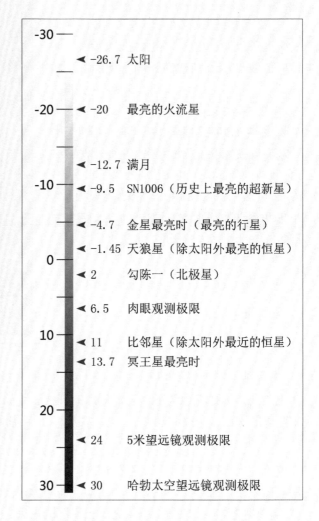

中国古代没有明确的星等概念，比如《史记·天官书》中仅有十余颗恒星被冠以大星、明者、小星、若见若不的称谓，其他古籍中还有芒角、明大、不明、微、暗等模糊的亮度概念。星图中所有恒星都是大小基本一致的圆圈或圆点，丝毫不能体现亮度的区别。明初组织翻译的伊斯兰星占文献《明译天文书》中首次出现"杂星大小有六等"的概念，但直到明末徐光启领导的崇祯改历才在星图中仿效西方以不同图形区分星等。

徐光启、汤若望主持绘制的屏风式《赤道南北两总星图》（1634 年）的星等图例

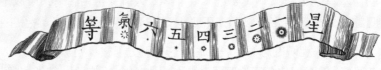

戴进贤、利白明《黄道总星图》（1723 年）的星等图例

最亮的 50 颗恒星表

序号	中国星名	西方星名	所属星座	星等	距离（光年）
1	天狼	Sirius	大犬座	−1.46	8.6
2	老人	Canopus	船底座	−0.72	312.6
3	南门二	Rigil Kentaurus	半人马座	−0.29	4.4
4	大角	Arcturus	牧夫座	−0.04	36.7
5	织女一	Vega	天琴座	0.03	25.3
6	五车二	Capella	御夫座	0.08	42.2
7	参宿七	Rigel	猎户座	0.12	870.0
8	南河三	Procyon	小犬座	0.34	11.4
9	水委一	Achernar	波江座	0.46	143.7
10	参宿四	Betelgeuse	猎户座	0.60	550.0
11	马腹一	Hadar	半人马座	0.61	390.0
12	河鼓二	Altair	天鹰座	0.77	16.8
13	十字架二	Acrux	南十字座	0.80	320.6
14	毕宿五	Aldebaran	金牛座	0.85	65.1
15	心宿二	Antares	天蝎座	0.96	553.0
16	角宿一	Spica	室女座	0.98	262.1
17	北河三	Pollux	双子座	1.14	33.7
18	北落师门	Fomalhaut	南鱼座	1.16	25.1
19	十字架三	Mimosa	南十字座	1.25	280.0
20	天津四	Deneb	天鹅座	1.25	1425.0
21	轩辕十四	Regulus	狮子座	1.35	77.5
22	弧矢七	Adhara	大犬座	1.50	430.6
23	北河二	Castor	双子座	1.58	51.5
24	十字架一	Gacrux	南十字座	1.63	87.9
25	尾宿八	Shaula	天蝎座	1.63	571.2
26	参宿五	Bellatrix	猎户座	1.64	242.9
27	五车五	Elnath	金牛座	1.65	131.0
28	南船五	Miaplacidus	船底座	1.68	111.1
29	参宿二	Alnilam	猎户座	1.70	1341.6
30	鹤一	Al Nair	天鹤座	1.74	101.4
31	参宿一	Alnitak	猎户座	1.74	736.2
32	北斗五	Alioth	大熊座	1.77	80.9
33	天社一	Regor	船帆座	1.78	1117.0
34	北斗一	Dubhe	大熊座	1.79	123.6
35	天船三	Mirfak	英仙座	1.79	591.7
36	弧矢一	Wezen	大犬座	1.84	1791.2
37	箕宿三	Kaus Australis	人马座	1.85	144.6
38	北斗七	Alkaid	大熊座	1.86	100.6
39	海石一	Avior	船底座	1.86	631.8
40	尾宿七	Girtab	天蝎座	1.87	483.2
41	五车三	Menkalinan	御夫座	1.90	82.1
42	三角形三	Atria	南三角座	1.92	415.3
43	井宿三	Alhena	双子座	1.93	104.8
44	孔雀十一	Peacock	孔雀座	1.94	183.1
45	天社三	Koo She	船帆座	1.96	79.7
46	军市一	Mirzam	大犬座	1.98	499.2
47	星宿一	Alphard	长蛇座	1.98	177.2
48	轩辕十二	Algieba	狮子座	1.99	131.0
49	娄宿三	Hamal	白羊座	2.00	65.9
50	勾陈一	Polaris	小熊座	2.02	431.2

房

以财物赎罪 **罚**

西咸 房宿西边的一扇门

房宿东边的一扇门 **东咸**

键闭 锁钥或门闩

日 太阳的精华

钩铃
钥匙和锁

房

医生 **从官**

房

四星直下主明堂
键闭一黄斜向上
钩铃两个近其傍
罚有三星植铃上
两咸夹罚似房状
房下一星号为日
从官两个日下出

寻找房宿——蝎子有尾也有头

在仲夏夜南天的低空中，有一颗十分显眼的红色亮星，名字叫"大火"，它是西方天蝎座的主星，天蝎座是夜空中少数几个可以分辨出形态的星座。俗话说蝎子有尾无头，但用在天蝎座上似乎并不合适。在大火西边不远处，也就是蝎子的头部，有 4 颗间距相等、由北向南排列的星，有人将它们描绘为蝎子的螯肢，也有人将它们看作蝎子的眼睛。但在中国星官体系中，这 4 颗星是象征东方苍龙腹部的房宿。

房从字面上看，是房屋的意思，石氏认为房是天子的明堂，是天子颁布政令、举行朝会和祭祀的场所。有房屋便应有门和锁，房宿旁边有一个附属星座名为钩铃（qián），便是这栋房屋的钥匙和锁，键闭一星是门闩，位于房宿上方的东咸和西咸两个星官，是房屋的两扇大门。此外，罚、日和从官三个星官也属房宿星组。

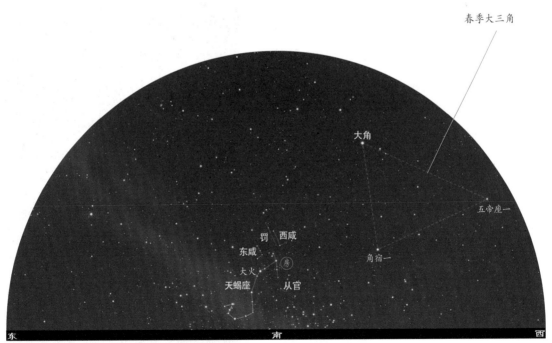

北纬 40 度地区 7 月初 21 点左右的南方天空

房——黄道上飞奔的龙马

从古人开始认识和命名星座，到二十八宿最终定名有一个过程，因此不少宿都有别名。房宿四星几乎等间距地排列在一条直线上，与古代驾车马匹的排列一般无二，因此最初被叫作"天驷"。所谓"驷"就是同驾一辆车的4匹马，或者由4匹马拉的车。"行天莫如龙，行地莫如马"，古人常以马比龙。《周礼·夏官》说："马八尺以上为龙。"汉武帝得良马，为庆贺而作《太一之歌》，歌中唱道"今安匹兮龙为友"，即反映了古人的龙马观念。所以房宿作为天上的马，还有天马、天龙的别名。

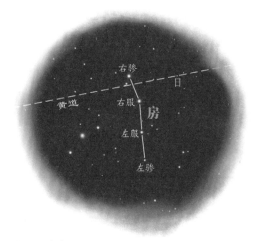

古代一车驾四马，中间两匹称服马，两旁的称骖（cān）马，所以《晋书·天文志》说："南星曰左骖，次左服，次右服，次右骖。"由此我们知道房宿这辆由4匹马或4条龙拉着的天车，和日月五星一样都是自西向东在黄道上运行的。

房宿不但与黄道相交，而且4颗星的连线几乎与黄道垂直，因而被称为三光正路。房宿周围的一些星官也因此被赋予了特殊的含义，比如钩钤二星，作为钥匙和锁恰好位于黄道之上，可见这副锁钥还具有开闭黄道的作用。而房宿中另一颗几乎正好在黄道上的小星，则被认为是太阳的精华所在，称为"日"。

马王爷三只眼——从天驷到马神

过去人们向对手示威时常说"叫你知道马王爷三只眼"，可见马王爷的厉害。民间俗称的"马王爷"乃是道教护法诸神中的灵官马元帅，又叫"三眼灵光""华光大帝"或"马天君"等。要说起这位马王爷的来历，和天上的房宿还有着脱不开的关系。

"马者，甲兵之本，国之大用"。自商周以来，马就成为重要的战略资源，因而产生了对马的崇拜与祭祀。《周礼·夏官》有"春祭马祖"之说，东汉郑玄解释说："马祖，天驷也。"马为六畜之首，也被认为是主宰和保佑六畜的神灵，因此后来马祖变成了"马神""马王"，并被道教吸收成为护法四元帅之一。《燕京岁时记》说："马王者，房星也，凡营伍中及蓄养车马人家，均于六月二十三日祭之。"据传马王爷对人间万事洞察秋毫，弃恶扬善，深受百姓爱戴，所以被广为供奉。据《光绪顺天府志》记载，清代北京地区共建有大大小小的马神庙18座，足见当时马王爷香火之盛。

明代灵官马元帅画像

农祥晨正——农历岁首的标志

1978 年，湖北随县一座战国早期墓葬中出土了大量珍贵文物，震惊了世界，这就是著名的曾侯乙墓。在众多精美的青铜器、玉器和漆器中，有 5 件并不起眼的衣箱，其中一件在箱盖上绘有龙虎图案并写有全部二十八宿名称，这是我们所见最早出现完整二十八宿名称的文物。而另一件绘有后羿射日图案的衣箱上，则写有"民祀惟房，日辰於维，兴岁之驷，所尚若陈，琴瑟常和"20 个字，今天我们已经很难准确解读这些字的含义，但可以确定这是一首祭天的歌，而祭祀的对象则是房星。古人为什么要祭祀房星呢？

湖北随县曾侯乙墓出土的绘有后羿射日图案的衣箱盖及祭祀房星的二十字漆书。

东方七宿差不多都能和农业生产、季节月令挂上钩，房宿自然也不例外，它还有一个别名"农祥"。《国语·周语》说："农祥晨正，日月底于天庙，土乃脉发。"意思是：黎明时出现房宿四星正南正北一字排开的天象，此时太阳和月亮都运行到天庙，冻土开始解冻。天庙为营室（室宿和壁宿），古时太阳在营室是农历正月，日月同时出现在营室意味着正月初一。冻土解冻的现象，从物候上看属于立春时节。也就是说农祥晨正的出现宣告了农历新年和立春的来临，这可能正是古人祭祀并吟颂房宿的原因之一。同时冻土开始解冻意味着农事活动最佳时刻的到来，所以古人早起，看见房宿四星呈与地平线基本垂直的状态，便知要开始春耕了，这也许就是人们称房星为"农祥"的缘故。

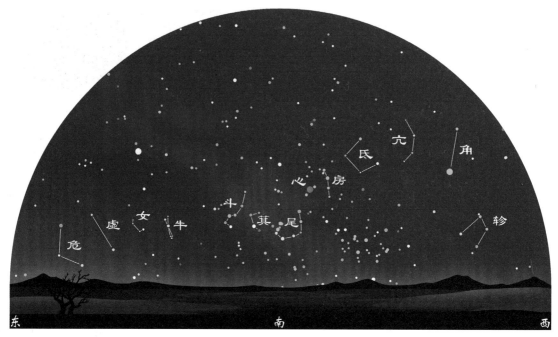

公元前800年，立春时黎明前的星空，房星已经稍稍偏西，尾宿则位于南天正中，这与《礼记·月令》描述的"孟春之月，日在营室，昏参中，旦尾中。"相符，此时房四星的连线基本与地平线垂直，这就是所谓的"农祥晨正"。不过，这一天象今天要到公历的二月底三月初才能出现。

中西对照

天蝎座（Scorpius）是希腊神话中蛰死猎户座（Orion）奥列翁的毒蝎，因此天蝎与猎户不共戴天，一个在夜空出现时，另一个便在地平线之下。天蝎座与东方苍龙的房、心、尾三宿对应，房宿对应天蝎的头和螯，心宿正位于天蝎心脏的位置，与天蝎尾巴对应的正是中国的尾宿。

古代诗词中的房宿	房星隐曙色 朔风动寒原 今日歌天马 非关征大宛 ——（唐）储光羲《和张太祝冬祭马步》
	星躔宝校金盘陀 夜骑天驷超天河 ——（唐）杜甫《魏将军歌》
	至今此物世称珍 不知房星之精下为怪 ——（唐）白居易《八骏图》
	此马非凡马 房星本是星 向前敲瘦骨 犹自带铜声 ——（唐）李贺《咏马诗》
	房星随月晓 楚木向云秋 ——（唐）杜牧《晓望》
	天驷有星名曰房 又欲乘马行幽荒 ——（宋）梅尧臣《依韵和宋中道见寄》
	康衢四辟通万里 天驷得地方腾骧 ——（宋）曾巩《送李撰赴举》
	苍龙挂阙农祥正 父老相呼看藉田 ——（宋）苏轼《元祐三年春贴子词·皇帝阁》
	天驷呈祥 土牛颁政 欢呼万井春来 ——（宋）王之道《满庭芳》

定边郝滩汉墓星图中东方苍龙（吕智荣供图）

心

士兵、部队 积卒

心

三星中央色最深
下有积卒共十二
三三相聚心下是

寻找心宿——一颗红星天南挂

暮春时节的东南方天空，一颗火红的亮星悄悄升起，到了盛夏的傍晚时分，它已经挂在正南方的夜空中了，它就是"大火"。中秋之后，大火星则在入夜后缓缓向西南落下，这就是《诗经》中所谓的"七月流火"了。找到了大火星，我们便找到了东方苍龙的第五宿，即苍龙的心脏——心宿。

心宿的形状很简单，由3颗星组成，中间是红色的心宿二，也就是大火，两边各有一颗稍暗的星。3颗星的排列呈中间高两边低的扁担状，心宿二就像是被涨红了脸的挑担者。在江浙一带称这三颗星为"挑灯草星"（相关的故事留待牛宿的章节介绍）。

按照《史记·天官书》的官方解释，这3颗星中间的大火星为天王，西边的心宿一是太子，东边的心宿三是庶子。古代的星占者对这3颗星排列的曲直很关注，石申认为，"心三星，星当曲，天下安，直则天子失计"。其实这种关注是不必要的，恒星之间确实有相对运动，但由于它们距离我们太过遥远，所以在几百年甚至数千年间，肉眼很难察觉到恒星位置的变化，更别说3颗星的排列由弯曲的扁担状变为一条直线了。

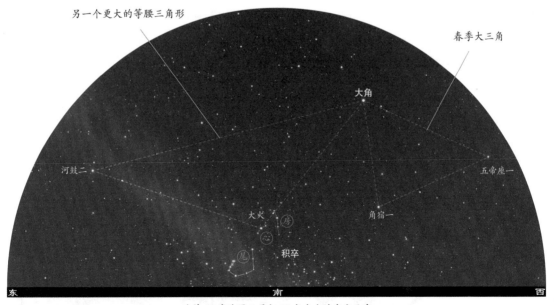

北纬40度地区7月初21点左右的南方天空

高辛氏二子的故事见于《左传》《国语》等文献，这个古老的传说早已成为表现哀怨离别的熟典。故事的天文意义不仅在于参、商二宿不会在天空中同时出现，更重要的是它体现了大火和参星在古人观象授时中的巨大作用。

参商不相见——高辛氏二子的故事

杜甫有诗云"人生不相见，动如参与商。"其中的参是指参宿三星，而商是大火星的另一个叫法"商星"。这个参与商的典故来源于一个远古的传说，相传上古时期，部落首领高辛氏 [帝喾（kù）] 的儿子当中，老大阏（è）伯与老四实沈兄弟俩素来不睦，一见面就相互械斗。高辛氏为解决家庭矛盾，只好求尧帝下诏将他们永远分开，于是阏伯被封在商（河南商丘），实沈封在大夏（山西南部），两地之间山水阻隔，怕是永生难见。然而高辛氏还不放心，于是将两套观星术分别传授给两个儿子。老四实沈学的是利用参宿三星定季节的方法，被后世敬仰为"参神"；而老大阏伯学的则是利用大火定季节的观星术，后世称之为"火神"。这似乎也顺应了天理，因为参宿三星和心宿二在夜空中几乎不会同时出现，一者方落，一者方出，这兄弟俩不但在地上不能谋面，在天空中也很难相互对望一眼。无独有偶，西方星座系统中，参宿对应的猎户座，与大火所在的天蝎座，也是两个永远相互追逐、永不相见的家伙，和东方的参、商二宿一般无二。

大辰——参悟时令之星

通过参商不相见的典故，我们知道阏伯学会了用大火星确定季节的方法。他的后裔建立了商朝，阏伯被追认为商的始祖。他所使用的大火星定季节的方法，也被后世子孙所继承，成为商朝人的传统。商代还设有"火正"一职，专门负责观测和祭祀大火星。不过，火正之职可能由来已久，据传说早在颛顼时代就设有这一官职。人们对大火星出没与季节变化关系的认识同样可追溯至远古时代，《尚书·尧典》就有"日永星火，以正仲夏"的记载，大意是傍晚在正南方天空看到大火星时，就是白天最长的夏至时节了。据传为夏代历法的《夏小正》也有五月"初昏大火中"；八月"辰则伏"；九月"内火"等记载。从《夏小正》中我们还看到了大火星的另一个名字"辰"。

说到辰人们常会想到"日月星辰"一词，日月星都是天体，古人又称为三光，那辰是什么尺呢？辰字的最原始含义是指一种用于除草和翻土的农具，但后来和天文产生了剪不断理还乱的联系。《春秋公羊传》有云："大辰者何？大火也。大火为大辰，伐为大辰，北辰亦为大辰。"这里其实是将起到确定季节、标定时间作用的星体称为"大辰"。在历史上，不同时代、不同地区、不同民族使用不同的恒星作为辰，大火、伐（参宿）、北斗都曾被作为大辰。但从《夏小正》中我们知道，当时人们普遍将大火星称为辰，而其他星官并不能享用这个专名，即使是大名鼎鼎的北斗也只能屈尊称为"北辰"。

辰的含义一直在不断发展和变化，《左传》中称"日月之会是谓辰"，也就是把太阳和月亮的交会点称为辰。后来辰又成为日、月、星的统称，由于纪时要参考天体的运动，辰与纪时也产生了联系，如时辰、良辰、诞辰等。

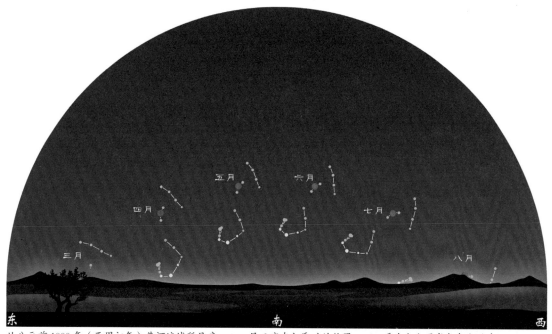

从公元前1000年（西周初年）黄河流域所见房、心、尾三宿在初昏时的位置，可以看出大火星每年春分时昏见，秋分时伏末，夏至前后则到达南天正中。这一规律无疑对远古的先民安排农业生产、制定历法意义重大，而这种巧合也使得古人对大火星心存敬畏。

"七月流火，九月授衣。"出自《诗经》中的《国风·豳（bīn）风·七月》。这里的"火"并不是形容天气炎热，而是指心宿二大火，流火就是大火星逐渐向西边下落。这个现象预示着暑热已退，寒冷的季节就要到了，所以接下来的九月就要加衣服了。古诗中的"寒蝉鸣败柳，大火向西流"说得就更清楚了。

火星对抗者——上古的"火星"

大火星在东方星官系统中称为心宿二，是东方苍龙之心，而在西方星座中则是天蝎座的心脏。《圣斗士》中天蝎座黄金圣斗士米罗的绝杀招数，天蝎的第十三枚毒针"安达瑞斯"，其实就是心宿二的西方专名，写作 Antares。若细细拆解这个词，就会发现它由两个词根组成，前面的 Ant 是对抗、相反的意思，而后面的 Ares 是希腊神话中的战神阿瑞斯 [罗马人称之为玛尔斯（Mars），即火星的西名]，指的就是火星。所谓"安达瑞斯"，也就是对抗火星的意思。

火星和大火星，无论是从名字还是样子看都容易弄混。火星是距离地球最近的行星之一，通体红色；而大火星是银河系中的一颗红超巨星，也是红色；它俩碰面，唯一的事情就是比一下谁更红、谁更亮。火星的红色要归功于行星表面富含铁的赤红岩石，而大火星的红色来自于恒星演化晚期温度的降低。或许它曾经是一颗蓝色或者白色的高温星，而如今正如将要熄灭的煤球，发出暗红色的光。

虽然从地球上看，火星和大火星长得没什么区别，但它们在天空中巡行的轨迹完全不同。大火星只是一颗普通的恒星，每天东升西落。而火星在恒星间穿梭，运行路线诡谲，通常由西向东顺行，但有时反过来自东向西逆行，而且在顺、逆行互相转变时还会出现停留不动的现象，称为留。这着实让古人疑惑不解，再加上它那忽明忽暗的荧荧红光，于是干脆称之为"荧惑"。至于被叫作火星，那是很晚的事了。上古时期，正统的"火星"非心宿二莫属。

积卒——玄妙八阵图

杜甫有诗称赞诸葛亮"功盖三分国，名成八阵图，江流石不转，遗恨失吞吴"，其中的八阵图是诸葛亮军事上的创举，那么这八阵图的思路从何而来呢？明代将领俞大猷认为，诸葛亮的八阵图来源于孙子，而孙子的阵法来自于姜太公，姜太公则学自黄帝，黄帝则继承了伏羲的阵法，伏羲又是从哪里学的呢？他是从天上的积卒十二星学来的。

积卒十二星是心宿星组中除了"心"之外唯一的星官，虽然样子并不显眼，但有"天之阵"的美誉。12颗星分布为内外两重，外圈8八颗星，内圈4颗星，可勾连成各种组合，从而让人联想到变化万千的阵法。作为与军事相关的星官，积卒十二星中星的多少显得非常重要。星占者认为，如果积卒中少了一颗星，则说明有兵出动；少两颗，则有半数士兵出动；少三颗，天下大部分士兵都将出动；要是积卒十二星全不见了，那便是天下士卒倾巢而出了。实际上积卒十二星都非常暗弱，星的多少可能只是若隐若现的星光使人产生的错觉罢了。

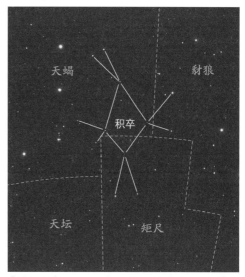

在今天的中国星图或中西对照星图中，积卒只有两星，比《步天歌》少了十星，这是沿用清代《仪象考成》星表的缘故。历史上积卒十二星究竟对应哪些恒星？由于古代的观测数据有限，今天我们只能依据古星图大致推断它们的位置，附图是潘鼐先生推测的宋元时期积卒十二星。

温度和光度的关系

恒星的颜色显示不同的表面温度，而光度则是衡量恒星真实发光强度的指标。在颜色相同的情况下，恒星体积越大，则光度越强。为了进一步揭示恒星的性质，天文学家将温度和光度指标相结合，绘制出一幅关系图。图中横坐标代表温度，从左至右逐渐降低；纵坐标为恒星相对于太阳的光度，从下到上依次升高。

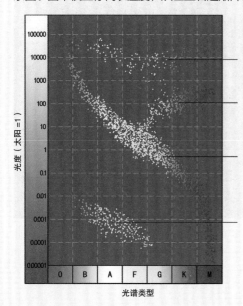

最上部聚集的是光度极大的"超巨星"，它们是恒星世界的巨无霸，因此才能拥有超强的光度。

这里是一群温度较低，但因为体积相对巨大，所以仍然十分明亮的"巨星"。

大多数恒星分布的这条斜带叫作"主星序"，位于主星序内的恒星称为"主序星"。主星序内左上方的恒星最亮、最热、最大，越向右向下则越暗、越冷、越小。

左下角分布着一些温度较高，但因为个头很小，所以很暗弱的"白矮星"。

荧惑守心——帝王的不祥之兆？

作为天空中两颗最红的亮星，如果荧惑遇到大火，会发生什么呢？

火星轨道位于地球外侧，绕太阳公转周期比地球长，两年多与地球相会一次，这时地球会从后面追上火星。从地球上看，火星的运行就会呈现"顺行—留—逆行—留—顺行"的变化。当这一过程发生在心宿附近时，就是所谓的"荧惑守心"了。在古代星占家的眼里，荧惑在心宿徘徊不去，两星争"红"斗艳的现象可是一种最凶险的信号，代表着天帝的强烈示警。中国古代记录过 20 多次荧惑守心现象，其中很多都应验在了帝王身上，如秦始皇、汉高祖、汉灵帝、晋武帝、晋惠帝、梁武帝的死亡似乎都有这一天象作为预兆。下面我们来讲述 3 个历史上真实发生的荧惑守心故事。

先看看文献记载最早的一次荧惑守心，它发生在公元前 480 年的春秋时期。由于心宿是宋国的分野，这让宋景公愁眉不展，主管星占的官员建议将灾难转嫁出去。转嫁给宰相，景公不忍坑害栋梁；转嫁给百姓，景公不忍黎民受苦；转嫁给五谷收成，景公不忍天下人挨饿；最后宋景公说这是上天对自己的惩罚，必须自己承担。众大臣听后非常感动，都认为景公情愿自己受难、也不嫁祸给臣民的德行一定会感动上苍，天帝不但会免其灾祸，而且还一定会转祸为福。据说，当天夜里火星很快就离开了心宿，而且一下就远离了 3 个宿。

西汉成帝年间，王莽专权，唯有丞相翟方进刚直不阿，不买王莽的账。绥和二年春，出现了荧惑守心的天象，有人就向成帝报告说，这是由于翟方进失职所致，如果不治罪于他，皇帝必将有难。于是成帝为了自保，斥责翟方进未

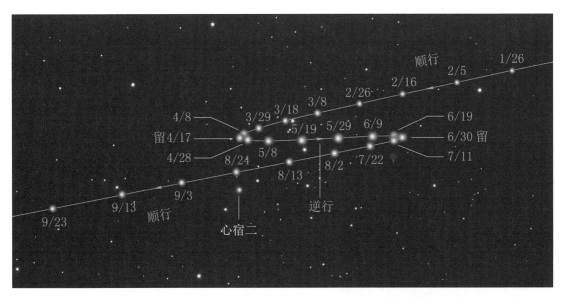

最近一次荧惑守心发生在 2016 年。3 月中旬以后，火星缓慢地向心宿二靠近，亮度不断增大。4 月 17 日在心宿二附近留，此时二者距离已经很近，而后火星由顺行改为逆行，逐渐远离心宿二。5 月下旬火星亮度最大，达到 −2 等，比 1 等的心宿二亮了 15 倍，大火星黯然失色。6 月 30 日火星再次留，随后恢复顺行，并再次向心宿二靠近。8 月 24 日前后火星与心宿二距离最近，此时它的亮度已经降至 −0.4 等，但仍然完胜心宿二，此后火星迅速远离。

星占术士认为荧惑即火星是灾祸之星，为兵、旱、火、疾等灾难的象征。心宿在星占中不仅代表天子，而且与火星关系密切，被称为"荧惑之庙"。"荧惑守心"则被视为史上最凶的天象，预示着将要出现国君死亡、皇帝丢失帝位、宫廷政变、大臣谋害皇帝、诸侯叛乱、皇宫失火等与帝王性命攸关的大事。

能尽到职责，才会天象异变，最终迫使翟方进自杀身亡。但是汉成帝也并未逃过此劫，于翟方进死后第二个月突然驾崩。

三国时期还有一个关于荧惑守心的故事。据说魏文帝曹丕死后明帝继位，有一天，明帝问蜀国降将黄权，如今三国鼎立，哪一国才是正统啊？黄权回答说，文帝去世前，曾出现荧惑守心的天象，结果文帝驾崩，而吴、蜀两国均无事，由此证明魏国才是正统。

然而，根据现代学者的研究，上述 3 个荧惑守心天象都不曾发生，全部是捏造的。不仅如此，在古史记载的 23 次荧惑守心中，竟有 17 次是虚假的。事实是星占家们为了凸显星占术预卜吉凶的能力，在皇帝去世以后伪造天象。另外，"荧惑守心"已经沦为一种政治斗争或宣传的工具，如用来凸显君主的仁德或打击异己肃清政敌，而黄权完全是随机应变，讨明帝的欢心而已。

尾

天上的江河 **天江**

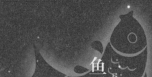

鱼

商王武丁时期的重臣 **傅说**

更衣室 神宫

尾

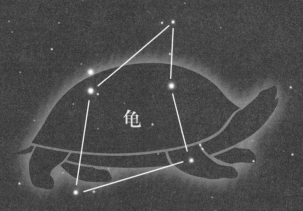

龟

尾

九星如钩苍龙尾

下头五点号龟星

尾上天江四横是

尾东一个名傅说

傅说东畔一鱼子

尾西一室是神宫

所以列在后妃中

寻找尾宿——坠入天河的银钩

尾宿在东方苍龙七宿中排倒数第二位，如同一个巨大的钩子，钩端沉浸于银河之中。在西方人看来，这几颗星是天蝎高高举起的毒尾。但在中国，尾宿九星当然是东方苍龙舞动的巨尾。从整体上看，这条苍龙宛若从银河中飞腾而出，《易经》中"或跃在渊"描写的或许就是这一现象。在星占中尾宿象征皇帝的后宫，所以常用来占卜后妃之事；还有尾为九子之说，代表后宫中的子孙。尾宿有一个附座叫"神宫"，就是供后宫佳丽们更换衣物的内室。

由于毗邻银河，尾宿统御的星官多与水有关，如天江、鱼、龟等。此外还有一个名为傅说（yuè）的星官，是位上古的贤者。

龙尾伏辰——上古的儿童歌谣

明末清初的思想家顾炎武在他的《日知录》中感慨："三代以上，人人皆知天文。七月流火，农夫之辞也；三星在户，妇人之语也；月离于毕，戍卒之作也；龙尾伏辰，儿童之谣也……"这里的龙尾伏辰出自春秋时期晋国"假道伐虢（guó）"的典故。在晋军即将破虢

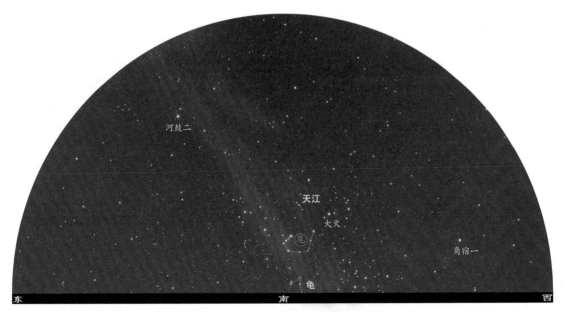

北纬30度地区8月初21点左右的南方天空

前夕，一首带有预言性的歌谣开始在民间儿童中流传。"丙之晨，龙尾伏辰；均服振振，取虢之旗。鹑之贲（bēn）贲，天策焞（tūn）焞，火中成军，虢公其奔。"童谣中涉及一些天象，"丙之晨"是说天象发生在"丙"日的清晨，龙尾伏辰中的"辰"并不是指大火星，而是太阳和月亮的交会，日和月在尾宿交会，苍龙之尾在晨光中隐伏不见，就是所谓的"龙尾伏辰"。南方朱雀七宿离

公元前 655 年 11 月 16 日，太阳和月亮的位置。

尾宿较远，黎明前在南方天空中熠熠发光（贲贲）；而天策（傅说星的别名）因为靠近尾宿，所以黯然失色（焞焞）。

后来战争果然如童谣所说，晋军在丙子日这天拿下了虢国，虢公逃到了洛阳。晋军凯旋班师，顺道把虞国也灭了。根据童谣中的天象，我们可以推算出晋军破虢的日子是在公元前 655 年 11 月 16 日。

傅说——比于列星的泥瓦匠

作为商王朝的国君，武丁一直想力挽狂澜扭转商朝的颓势，可惜一直没有贤臣辅佐。据说有一次武丁梦见了朝思暮想的得力大臣，名为"傅说"，醒来后就命人到处寻找，没想到找到的竟然是个一身臭汗的泥瓦匠。然而这个傅说胸怀治国良策，三言两语直说得武丁频频点头，后来在傅说的辅佐下，武丁终于成就了商朝的中兴，傅说则被尊为一代圣人。后来孟子感慨"傅说举于版筑之间"，说的就是这个典故，据说傅说死后升天成为一个星官，《庄子》中："乘东维，骑箕尾，而比于列星"指的就是傅说星。

傅说在星占中象征后宫中的女巫，主占皇室子孙是否兴旺，这与武丁重臣没有任何联系。宋代郑樵认为古代有傅母一职，由老年女性担任，专职辅导、教育皇室贵族子女。傅说应为傅母喜悦之意。这一说法与傅说及尾宿的星占意义相合。

傅说，曾是傅岩（今山西省平陆县）一带做苦役的奴隶，因发明"版筑法"而闻名。后被武丁起用，成为一代名相，被尊为傅姓的始祖。

虽然东、西方的传统都将尾宿看作是动物的尾巴，但一些生活在海边的民族不这么认为。日本濑户内海以及冲绳一带的渔民称这些星星为"钓鱼星"。新西兰的毛利人也将它们看作一个巨大的鱼钩，他们的祖先曾经用它钓到一条奇特的大鱼，当他将这条鱼拖出水面时，由于用力过猛，鱼钩被甩到天上，变成了星星。而拖上来的那条鱼其实是一块陆地，也就是后来的新西兰。

水瓶星——旱涝晴雨表

尾宿八、九两星并肩而立于夏夜银河最明亮的区域附近，天文爱好者昵称为"猫眼双星"。中国民间很多地方称这两颗星为水瓶星，将它们看作是两个装水的瓶子，尾宿八较亮为大瓶，尾宿九较暗为小瓶。老百姓依据两颗星的地平高度变化来预测水旱，有"大瓶灌小瓶，下得雨淋淋；小瓶灌大瓶，放心千里行。""大瓶高，水滔滔；小瓶高，干煞蒿。"等民谚。江浙一带的人们称这两颗星为踏车星或车水星，说是姑嫂俩在银河边上踩着水车取水灌田。踏车星也常用来预测旱涝，同样有民谚"踏车星儿东头高，夏秋之间水滔滔；踏车星儿西头高，夏秋之间干涸涸。"

鱼群——M7 疏散星团

如果用小望远镜在傅说附近搜索，便可以看到一个小而模糊的亮团，西方人称之为"托勒密星团"，因天文学家托勒密在公元 130 年首先对其进行描述和记录而得名，现今编号 M7。这是一个疏散星团，里面聚集有很多暗弱的恒星。中国人把它看作一条或者一群在天河中游泳的鱼。既然是河中的鱼，人们就把观察水生生物的博物学知识用在了天上。如果鱼跳出了天河，那就说明天河的水少，也就是天下大旱的标志。如果这个星团在天河中，而且明亮，那就是说天河中河水充沛，鱼儿自在，而且生长得健硕，也就是说雨量会很充沛。

箕

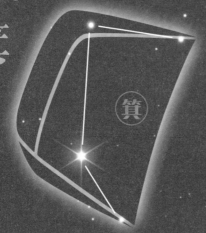

箕

糠
稻、麦等脱下的皮

杵 舂米用的木棒

箕

四星其形似簸箕

箕下三星名木杵

箕前一黑是糠皮

寻找箕宿——维南有箕

夏季南天的银河异常明亮，天河两岸众星闪闪发光，在天河右岸是钩子般的尾宿，在天河左岸是勺子般的南斗六星。在这两个大星官之间，夹着4颗星组成的梯形，这就是箕宿。作为东方苍龙的最后一个星宿，箕宿又小又不显眼。如果尾宿是苍龙的尾巴，那么箕宿又是什么呢？有人认为它的形状好像尾巴边缘的鳍，就像鱼的尾巴那样。所以，我们暂且将其理解为苍龙的尾巴尖儿吧。

《诗经·小雅·大东》中说："维南有箕，不可以簸扬……维南有箕，载翕其舌。"由此看来，古人是根据箕宿的形状将其看成簸扬谷物的簸箕。"载翕其舌"是缩着舌头的意思，这可能是基于箕宿外形的另一种想象，所以《史记·天官书》将箕宿看作天上的口舌，代表拨弄是非的人，民间也把好说三道四搬弄是非的长舌妇叫作簸箕星。

《步天歌》中划归箕宿统领的星官还有一颗星组成的糠，三颗星组成的杵。如此看来，箕宿星组如同一个粮食加工厂——用簸箕扬场，分离出糠来喂牲口，然后用杵来舂捣粮食，供人们享用。

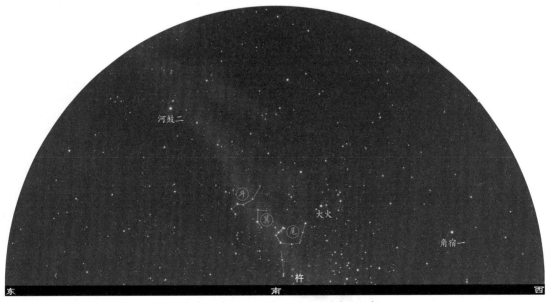

北纬30度地区8月初21点左右的南方天空

箕星好风——传说中的风神

箕宿虽小，但是中国传统中正牌的"风神"，这一点在《春秋纬》中说得很清楚："月离于箕，风扬沙，故知风师，箕也。"人们认为当月亮运行到箕宿，就会狂风大作，这就是所谓的"箕星好风"了。另外，簸扬谷物时，需要借助风的力量才能将糠皮等杂物吹走，这就是《周礼》所说的"箕主簸扬，能致风气"。箕宿前飞扬的"糠"星，不正似被箕宿产生的风吹走了吗？也许正是出于这两点，箕星便成了掌管风的神——风师

风伯神像

或风伯了。早在周代就已经有了拜祭风伯（箕宿）及雨师（毕宿）的仪式。

箕子——箕宿名称的可能来源

据天文史学家陈久金先生的研究，箕宿的名称起源于箕人。这是远古时期一个强大的部落，大概因善于编织簸箕一类的竹制品而得名。箕人属于东夷民族中的风夷，以风为图腾，这也可能是后世箕宿与风联系起来的一个重要原因。到了商朝时，箕人中出了一位著名人物箕子。据说箕子是商纣王的叔父，曾担任太师的官职。箕子忠君爱国，见纣王无道，多次进谏无效，便装疯卖傻，借以保全自己。武王灭纣，箕子不愿做周朝的顺民，便带领数千人东迁朝鲜。于是周武王干脆做了个顺水人情，将朝鲜封给箕子，至今朝鲜平壤还有箕子墓。这一传说故事记载在《高丽国志》中。从古代的天文分野体系看，箕宿的分野正对应于辽东、玄菟、乐浪等地，其中乐浪即为今天的朝鲜。

定边汉墓星图局部（吕智荣供图）　　　靖边 2015 年汉墓星图局部（段毅供图）
近年出土的定边与靖边汉墓星图中，箕宿均为持箕跪坐的女子形象。

杵——战争还是丰收

箕宿星组中的"杵"由3颗星组成，它是一个与粮食加工有关的星座，古人认为它的占卜与粮食作物相关。但不同的星占家对这个星官的解释并不相同，比如《黄帝占》认为，杵星明亮闪动，是军粮告急所致，也就意味着要出兵打仗了；如果杵星不明亮，则是天下安宁的象征。而星占家甘德却不这么看，他以为杵星亮表示五谷丰登，暗则表示收成不好。

两个流派对同一星象的解读差异竟如此之大，仔细想想，原来是两家对"杵"加工的粮食是军粮还是老百姓的口粮理解不同。如果是军粮，杵星亮表示军粮加工的任务繁重，肯定是前线有战事，才有这样的需求啊，星占的结果当然是要打仗了；如果是百姓手中的余粮，杵星亮意味着各家各户都在忙着加工粮食，自然是丰收了。由此我们可以看出，中国古代的星占术充其量不过是些望文生义的想象，灵验不灵验完全不在于具体星象，主要靠的是星占家的伶牙俐齿和对政治、经济等问题的敏感性。

从天门到后宫—东方王庭

东方七宿看起来确实像一条腾飞于春、夏两季夜空中的巨龙，但这条巨龙在星占家的眼中另有重任，它还承载着一个位于东方的天庭。按照《晋书·天文志》的记载，这座天庭从角宿开始，角宿两星之间就是天庭的天门，穿过角宿也就进入了天庭的内朝。亢宿是天王朝见百官、处理朝廷政务的大殿，此外这里可能还是王族的宗庙所在。亢宿之后的氐宿为天王的寝宫，是天王及后妃们休息的地方。氐宿之后的房宿四星和心宿三星都代表明堂，是天王颁布政令的场所。东方七宿的最后两宿尾和箕是这座天庭的后院，也是嫔妃们居住的后宫。

朝鲜《天象列次分野之图》（数字复原图，韩国吴吉淳先生供图）

1396年，朝鲜太祖命人依据已遗失的一方天文图碑拓本刻制，1687年朝鲜肃宗又重刻一方新碑，此数字复原图为肃宗碑。此碑星图底本的年代，目前仍有争议，早期学者都认为其底本来自中国唐代或更早的南北朝，但近年有韩国学者认为其底本出自高丽时期（918年～1392年）。

第四章

北方七宿

斗\牛\女\虚\危\室\壁

离宫

离宫 离宫

壁

室

危

坟墓

北方玄武

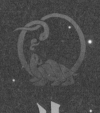

斗

天弁
一种帽子，代表管理市场的官员

天鸡
主管报时的神鸡

建
天上的重要关隘

狗　主管守卫之事

狗国
狗的国度，代表北方少数民族

斗

天籥

老农夫 农丈人

鳖 甲鱼

天上的深潭 天渊

六星其状似北斗
魁上建星三相对
天弁建上三三九
斗下团圆十四星
虽然名鳖贯索形
天鸡建背双黑星
天籥柄前八黄精
狗国四方鸡下生
天渊十星鳖东边
更有两狗斗魁前
农家丈人斗下眠
天渊十黄狗色玄

寻找斗宿——天河左岸的奶勺

夏夜，四象中象征春天的"东方苍龙"正一头扎向西山，东方出现的 3 颗亮星是代表夏季的织女星、牛郎星和天津四。这也意味着苍龙统治夜空的季节过去了，"北方玄武"将展示自己的身姿。玄武为龟蛇缠绕状，但为何取了"玄武"这个晦涩的名字呢？原来，玄就是黑色，代表北方；龟蛇都身有鳞甲，好像武士的盔甲，故称为"武"。龟擅长防守，蛇擅长进攻，双神合体，天下无敌。

北方玄武的第一宿为斗宿。夏夜顺银河南望，地平线附近便是银河最为明亮的部分，因为那里是银河系中心的方向。在其左岸，有一些明亮的星星散布着，挑出其中较亮的 6 颗，便可以连成一个勺子般的形状，与北斗有些相似，这组星便是斗宿了。因为与北斗相比位于南天，所以也称南斗。不过南斗远不如北斗明亮，面积也要小得多。西方人也注意到这 6 颗星排列得像把勺子，又因为它在银河"Milky Way"（直译为"奶路"）里，故称之为"奶勺"。

斗宿星组所包含的星官除了南斗之外，还有建、天弁（biàn）、天鸡、狗、狗国、天籥（yuè）、农丈人、鳖、天渊等星官。

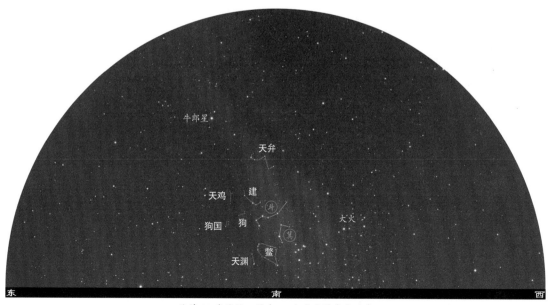

北纬 35 度地区 8 月末 21 点左右的南方天空

南箕北斗——不可簸扬挹酒浆

《诗经·小雅·大东》说："维南有箕，不可以簸扬；维北有斗，不可以挹（yì）酒浆。"常有人把这里的斗解释为北斗，但其实这里说的是南斗，只因斗宿与箕宿相比更靠北些，诗中才会出现这样的说法。这句诗的大意是：天上虽然有箕星和斗星，却不能用来簸扬谷物和舀酒。这里以箕斗来比喻有名无实，非常生动和贴切。汉代的《古诗十九首·明月皎夜光》中的"南箕北有斗，牵牛不负轭（è），良无盘石固，虚名复何益"就直接套用了诗经中的这个说法。后世诗人更是常常使用这个典故，这样一来箕斗就成了徒有虚名却无真才实学的代表。如：

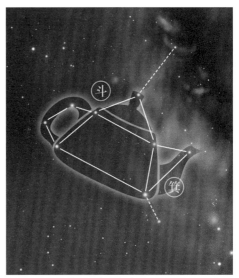

如果将斗宿与箕宿合在一起看，这些星星便组成了一把"大茶壶"，这个茶壶壶把朝东、壶嘴朝西，近旁那若隐若现的银河就仿佛是壶嘴中冒出的热气。

> 北斗不酌酒，南箕空簸扬。（李白）
> 箕斗虚名不必多，要斥旄头作顽石。（邓肃）
> 可使簸扬挹酒浆，不似箕斗名虚张。（邓忠臣）
> 虚名无用处，北斗与南箕。（黄庭坚）
> 桑蓬壮志无成就，箕斗虚名有悔尤。（刘克庄）
> 白马清流伤往事，南箕北斗愧虚名。（钱谦益）

南斗注生——一十九变九十九

《三国演义》中记载了这样一个故事：三国时期著名的方士管辂（lù）曾给一个名叫赵颜的人相面，认为他虽年方十九但大限将至。为救赵颜一命，管辂亲授一计。第二天，赵颜依计带着美酒鹿肉上了南山，行约五里，见两位老仙在一棵大松树下对弈，便将酒肉摆在棋盘边，自己则站在一旁默默观棋。二仙厮杀正酣，不知不觉中将酒肉吃了个精光，赵颜立即跪倒在地，求二仙为其延寿。俗话说"吃人家的嘴软，拿人家的手短"，二仙只好替人办事。坐北边的老仙拿出一本生死簿，坐南边的老仙查到"赵颜，一十九岁"，便大笔一挥，改成"九十九岁"。故事中的二位神仙便是北斗和南斗。不过这个故事并未载于正史《三国志》，它的最早出处是东晋干宝所撰的《搜神记》。

历史上确有管辂其人，史称他"年八九岁，便喜仰视星辰，及成人，风角占相之道，无不精微"。但令人不解的是，管辂只活了48岁，既然他能教赵颜贿赂南斗增寿，岂能舍不得一顿酒肉，请南斗将自己的寿数颠倒一下，好歹也活个84岁呀！

事实上，南斗信仰由来已久。先秦时期，已有专祀南斗的庙坛；秦灭六国统一天下后，秦始皇还命令修建了国家级的南斗庙。在古代星占中南斗六星有一个重要功能，就是主管天子的寿命，星占家主张天子广积阴德可以增福添寿，但未言南斗与百姓寿命相关，更没有贿赂斗神能延寿之说。"南斗注生，北斗注死"是吸收了星占思想的道教星辰崇拜的说法。

五斗星君——东西南北中缺一不可

《西游记》中，王母娘娘举办蟠桃盛会，受邀的各路神仙中有个"五斗星君"。后来如来佛祖降住悟空，玉皇大帝龙颜大悦，办了个"安天大会"宴请佛祖，作陪的也有五斗星君。看来，这五斗星君的级别不低，算得上大仙了。

中国星官中有四个斗，除了北斗和南斗之外，还有天市垣中称量用的"斗"以及南天增补星官"小斗"，小斗是明末才出现的，明以前天上实有三斗。道教兴起后，北斗崇拜大为盛行，后来北斗的部分职能分给了南斗，出现了南斗崇拜。但仅有南、北两斗似乎缺少了点什么？因为道教讲究五行，有五方五帝、五方五老、五岳大帝，怎能容忍这么重要的斗只有南北，而没有东、西和中呢？于是道士们就生造出了东斗、西斗和中斗，还在星空中寻找对应的星象，天市垣之斗也就成了中斗，东西两斗实在犯难，最后只好给西方七宿中的参宿一、二、三安了个东斗的名头，西斗则被附会为东方七宿中的心宿三星，不过这两斗实在看不出斗的形状，而且东西方位正好和传统星象相反。原来，道士们是按照夏末秋初面南背北观测确定方位的，此时南斗在面前，北斗在背后，心宿三星位于西方即将落下，参宿三星在东方地平线下尚未升起。早年民间还流传着"东斗木鱼西斗磬，南斗像船头，北斗像构头"的民谣。

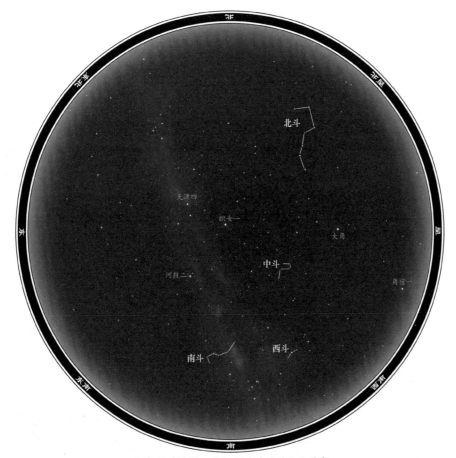

北纬35度地区8月初22点左右的全天星空

斗建之间——冬至点和历元

在中国古代冬至是一个非常重要的日子，按照阴阳理论，冬至是阴阳转化的关键节气，有"冬至一阳生"的说法。古代帝王要在这一天举行祭天大典，民间至今仍有"冬至大如年"之说，北方人要吃饺子，南方人则吃汤圆。

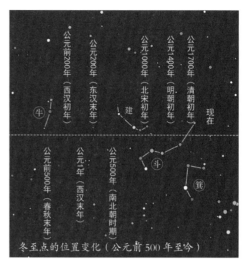

冬至点的位置变化（公元前500年至今）

在古代历法中冬至则是确定回归年长度的重要标志，太阳在冬至时的位置（也就是冬至点）是古代历法的原点，也是日月和行星运动的起算点。由于岁差，冬至点一直在黄道上由东向西缓慢移动，春秋时在斗宿东边的牛宿，而西汉至宋的很长一段时间内，斗宿一直是冬至点的所在。牛宿与斗宿之间的一个星官——建星，因紧临黄道，也曾被古人视为冬至点所在。所以古书常将斗、建并称，如《海中占》曰："斗建者，阴阳始终之间，大政升平之所，起律历之本原也。"《宋史·天文志》说："斗建之间，三光道也，主司七曜行度得失，十一月甲子天正冬至，大历所起宿也。"

中西对照

人马座（Sagittarius）被星占者们称为射手座，它所在的位置正是银河最为明亮的区域。古希腊人把它想象成半人半马的怪物，正弯弓搭箭准备射击西边的天蝎座。星座中最亮的箕宿三，被称为 Kaus Australis，意思是"南弓"；而附近的箕宿一叫作 Alnasl，就是"箭头"；斗宿六 Ascella，则来源于阿拉伯语"腋窝"。

南冕座（Corona Australis）与北冕座都是由排列成"C"字形的一串星组成，它们一南一北隔着天河遥相呼应，北冕是一顶绚丽的宝石桂冠，而南冕则被托勒密视为用花草编织成的花环。不过到了中国，美丽的花环却变成了缩头缩脑的王八，乡土气息十足，却缺少了星空应有的浪漫。

狗国——战功赫赫的神犬

斗宿中有一个奇怪的星官叫作狗国，这个星官主占守卫，有人认为它与犬戎这个民族有关。这大多来自于一个有趣的传说：相传上古时代，帝喾高辛氏饱受犬戎骚扰之苦，便下令称若有哪位勇士取敌酋首级，便将爱女许配给他。话音刚落，爱犬盘瓠便窜出屋外不见踪影，数月后叼着敌首领头颅而归。帝喾无奈履行了诺言，并许爱犬封疆建国，这便是狗国。据说此国臣民皆为公主与盘瓠的后裔，女子为人形，男子则人身犬面。

在真实的历史中，犬戎是一个以犬或狼为图腾骁勇善战的民族。西周时，周幽王为了博取爱妃一笑，导演了一出"烽火戏诸侯"的闹剧，却不料让犬戎部落钻了空子，趁周天子失去人心时杀入镐京，导致了周朝迁都洛邑，开启了战乱不绝的东周时代。北方的东胡和匈奴都是犬戎的后裔，而星占中狗国所对应的也正是北方少数民族。

古代箕斗联用的诗词	箕斗常相望 江含雾冥漠 ——（宋）黄庭坚《次韵答宗汝为初夏见寄》
	依山筑阁见平川 夜阑箕斗插屋椽 ——（宋）黄庭坚《武昌松风阁》
	岁月飘流 故人相望如箕斗 ——（宋）刘一止《点绛唇》
	天涯相对话平生 怅南北 还如箕斗 ——（宋）沈端节《鹊桥仙》
	箕斗光移析木津 踏霜扶醉不惊尘 ——（宋）洪咨夔《江头寄致远二首》
	天度已归参井后 日行又值斗箕间 ——（宋）魏了翁《嘉泰二年题资州醮坛山星斗阁》
	极目无穷六合宽 仰天如以浑仪观 日躔箕斗逢长至 月宿奎娄届大寒 ——（元）方回《用夹谷子括吴山晚眺韵十首》
	云汉何皎洁 箕斗正参差 心知阊阖远 侧向高天啼 ——（清）施闰章《临江悯旱》

牛

辇道
供帝王车驾行走的道路

织女
精于织布的仙女

渐台 临水之台

河鼓左侧的军旗 左旗

银河边的军鼓 河鼓

天上的鼓槌 天桴

右旗 河鼓右侧的军旗

罗堰
沟渠与堤坝组成的灌溉系统

天田 国都周围的田地

寻找牛宿——银河两岸观牛女

离开银河的左岸，亮星稍稍稀疏，在南斗云集的亮星映衬下，毗邻一旁的牛宿稍显暗淡。不过，只要找到夏夜银河边一东一西最亮的两颗星，便找到了牛宿所统领的众星。这两颗亮星分别是西岸的织女星和东岸的牛郎星。织女星属于织女星官，牛郎星属于河鼓星官，它们是牛宿星组中最为显著的两个星官。相比之下，牛宿本身却没那么显眼，它由六颗星组成，亦称牵牛，是二十八宿中唯一一个以动物命名的宿，而且占卜所用的也是牛及牺牲、谷物等。道教为二十八宿配了28种动物，牛宿所配仍为牛，称金牛。西方星座 Taurus，本为宙斯化身的白牛，翻译为中文时，借鉴了古代的习惯，改白牛为金牛，由此有了金牛座。

牛宿统辖的星官不少，除了牛和明亮的织女、河鼓之外，还有4颗星组合成的天桴（也就是鼓槌）、9颗星组成的左旗与右旗，这两面旗与河鼓、天桴一起，构成了一派战场上摇旗呐喊、战鼓齐鸣的景象。天田九星、九坎九星、罗堰三星，是围绕着牵牛的种植场所以及水利设施。在织女的旁边还有两个星官，分别是辇道和渐台，辇道是天子外出郊游走的路，而渐台的功能是观暑纪时，类似今天的天文台。渐台中有一颗星叫渐台二，西方称为天琴座 β，它的亮度以12.9天为周期在3.3等至4.4等之间变化，是一类食变星的代表。国际上将这类食变星称为天琴座 β 型变星，我们称其为渐台型变星。

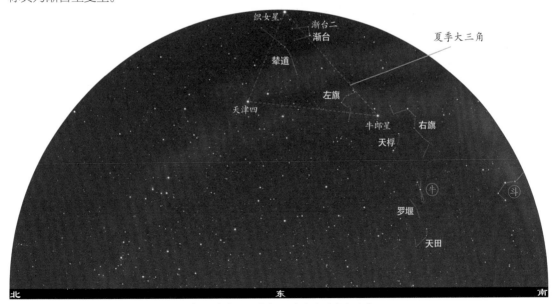

北纬40度地区8月末21点左右的东方天空

牵牛与河鼓——从放牛娃到大将军

提起牛宿，人们的第一印象就是牛郎星。虽然牛郎星确实归属牛宿星组，但它并非牛宿本身。作为二十八宿之一的牛宿，在夜空中并不明显，它位于西方星座中摩羯座的山羊头部分，而民间所说的牛郎星实际上是河鼓星官中最亮的一颗，叫作河鼓二。这是一颗白色偏黄的恒星，距离我们约 16.8 光年，它的质量是太阳的 1.7 倍，直径为太阳的 1.8 倍，光度约为太阳的 10.6 倍。

河鼓二在星占中代表天军的大将，官方根本没有"牛郎"一说。而"牵牛"之名在官方的文献中也多指牛宿，如《史记·天官书》曰："牵牛为牺牲，其北河鼓。"这里很明确，牵牛是指牛宿，与河鼓无关。但在民间则多称河鼓二为牵牛，比如《古诗十九首》中写道："迢迢牵牛星，皎皎河汉女。"杜牧的名句："天阶夜色凉如水，卧看牵牛织女星。"这里与织女相对的当然是银河东岸的亮星河鼓二了。此外，《尔雅》中也有"何（河）鼓谓之牵牛"的记载。所以牵牛既可以是牛宿，也可以是河鼓二，具体指哪个还得结合上下文的意思加以分析。

造成混乱的原因可能是，人们首先认识了夏季银河两岸的两颗亮星，给它们取名牵牛和织女，并将它们列入二十八宿之中。但由于它们离黄道太远，用以标示日月五行的运行很不方便，后来人们便取了黄道附近与牵牛、织女经度相近的两组星来代替它们，并命名为牛宿和女宿。后来，随着牵牛织女的故事在民间流传，人们又给牵牛星起了一个更亲切更人性化的名字"牛郎"。但官方始终不认可牛郎与织女的爱情故事，原因很简单，织女是玉皇大帝和王母娘娘的女儿，怎能和牛郎这个下界的放牛娃结合呢？而且牵牛这个名字也不合于正统的星官体系，于是牵牛被改成了河鼓，放牛娃也就摇身一变成了大将军。不过牵牛之名还是保留了下来，只是民间仍然用其称呼牛郎星，官方却将其移用于牛宿了。

气冲斗牛——望气寻剑

古诗词中常"斗牛"联用，这并不奇怪，因为斗、牛二宿原本相邻，在星占上又同主吴越之地。但奇怪的是，与斗牛同时出现的还常有"剑"、"气"一类的字眼。如"壮士心是剑，为君射斗牛（孟郊）""三尺握中铁，气冲星斗牛（贾岛）""不应双剑气，长在斗牛傍（韦庄）""堂堂剑气，斗牛空认奇杰（文天祥）""君不见剑气棱棱贯斗牛（秋瑾）"

在我们熟悉的成语中也有"气冲斗牛"一词。其实这里依据的典故，是一个发生在魏晋时期的故事。

故事的主人公就是晋代撰写《博物志》的张华，此人能观天象，学贯古今。当时晋国正欲兴兵灭吴，却不料观星占卜时发现吴国对应的分野——斗、牛二宿有紫气隐现，紫气是吉祥之兆，象征吴国的强盛，所以此时出兵伐吴必然对晋不利。但在张华的极力劝说下，晋武帝司马炎最终决定出兵，结果一举灭吴，结束了三国鼎立的局面，一统天下。但此时斗、牛间的紫气似乎更加强盛，为解此谜，张华找到一名星占术士雷焕。雷焕认为这团紫气是宝剑的精气上达天庭所致，并根据紫气处于斗、牛之间，确定宝剑必藏于豫章之地的丰城。于是张华委任雷焕暗中寻访宝剑。雷焕不负所托，在县大牢内挖出一对宝剑。说也奇怪，就在宝剑出土后，斗、牛间的紫气也随之消失。雷焕将其中一把剑交与张华，而将另一把剑私藏起来。张华得剑后细观，发现其剑为干将，便知雷焕一定私藏了镆铘，遂感慨道：干将、镆铘二剑天生一对，如今虽分开，但最终还是会合在一起的。此时也有人提醒雷焕，张华可不是好骗的，但雷焕认为，这宝剑是灵异之物，不会永为人用，天下即将大乱，张华将自身难保，更别说宝剑了。果然，张华不久被杀，宝剑也不知所踪。而雷焕死后，其子佩带宝剑路过延平津（今福建省南平市东南），宝剑落水，他下水寻找不见，却见两条巨龙卧于水中，少顷又见两龙腾空而起飞入云霄。

唐人汪遵写过一首《延平津》，借宝剑化龙的典故抒怀：

三尺晶荧射斗牛，岂随凡手报冤雠（chóu）。
延平一旦为龙处，看取风云布九州。

丰城剑气的故事见于《晋书·张华传》，不过从现代天文学的角度分析，斗牛间的所谓紫气应该不曾出现，或者只是一种大气现象，抑或人眼的错觉，当然更有可能是雷焕等人凭空杜撰的。

斗牛之间——天河岸边千顷田

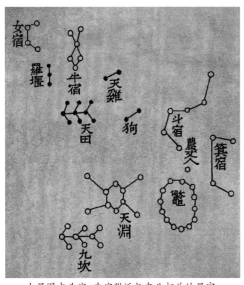

古星图中斗宿、牛宿附近与农业相关的星官。

离开波涛汹涌的银河中心，让我们将视线转向北方玄武头两宿的南部区域，眼前仿佛豁然开朗，只见土地平整，屋舍俨然，好一派田园风光。这片天区集中了大量与农耕生产有关的星官。斗宿之南有一颗星为农丈人，虽然不是什么亮星，但古时人们认为它手里拿着簸箕和斗，主管天下谷物丰歉。围绕农丈人，有两颗星为看家护院的狗，又有两颗星是主气候时令的天鸡，还有占卜灌溉的水利设施天渊、占卜降水的鳖。到了牛宿附近，除了耕田的黄牛，还有九坎九星是田间的地坎儿，三颗星的罗堰是沟渠和土坝，另外天田九颗星好似这世外桃源中的一处试验田。

扁担星——石头与灯草

河鼓三星在民间又叫"扁担星"，中间是牛郎，两旁的小星是牛郎与织女的一对儿女，牛郎正挑着他们追赶母亲。但在另一则民间传说中，扁担两头挑的是石头，因此又叫"挑石头星"。它和"挑灯草星"（心宿三星）是同父异母的兄弟，后娘偏心，让自己的儿子挑灯草，而让丈夫前妻的儿子担石头。路过银河时，遇到了大雨和顶头风。石头不吸水，受风的阻力也小，因此哥哥很顺利地到了河东；而灯草吸收了大量水分，变得越来越沉，再加上灯草体积大，顶风走不动，弟弟累得涨红了脸，也无法渡过河去，只能留在河西。

古代诗词中的斗宿与牛宿	画野通淮泗 星躔应斗牛 ——（唐）虞世南《赋得吴都》	岁星临斗牛 水国嘉祥至 ——（唐）陈陶《赠江西周大夫》
	叠岭碍河汉 连峰横斗牛 ——（唐）李白《过汪氏别业其一》	小阁凭栏望远空 天河横贯斗牛中 ——（宋）陆游《即事》
	夜桥灯火连星汉 水郭帆樯近斗牛 ——（唐）李绅《宿扬州》	吴越传芳 斗牛锺秀 间世生贤谁与俦 ——（宋）傅伯达《沁园春》
	蹋雪携琴相就宿 夜深开户斗牛斜 ——（唐）贾岛《逢博陵故人彭兵曹》	东南重镇是扬州 分野星辰近斗牛 ——（元）王冕《过扬州》

由织女一、河鼓二和天津四所组成的；夏季大三角：在农历七月的傍晚正位于天顶附近，即使在城市严重的光污染之下依然清晰可见。如果在光害较小的郊外，还能看到银河从北向南穿越大三角横贯夜空。

中西对照

　　天琴座（Lyra），相传是希腊最伟大的乐手俄耳甫斯（Orpheus）心爱的七弦琴，其中最亮的织女一，在西方被誉为"夏夜女王""天下第一钻石"。而它的西方名 Vega，则来源于阿拉伯语，意思是"下降的鹰"，原来阿拉伯人将织女三星看作一只翅膀向上竖起准备向下俯冲的鹰。

　　一字排开的河鼓三星，在阿拉伯人的眼中也是一只鹰。与织女三星不同的是，这是一只展翅翱翔的鹰。3 颗星中最亮的河鼓二被称为 Altair，正是"飞翔的鹰"之意。

　　天鹰座（Aquila）北边的天箭座（Sagitta），是全天最小的星座之一，它被看作大英雄海格立斯射向天鹰的一支箭。天鹰和天箭的范围内还分布着左旗、右旗、天桴等中国星官。

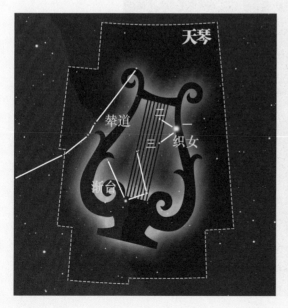

织女星——痴情牛女传说多

夏夜银河丰盈之季，天上最亮的一颗星便是织女星。织女这个星官共有三颗星，最亮的那颗叫作"织女一"。无奈另两颗星过于暗淡，因而人们提到织女这个星官时，只想到织女一。织女一是标准的 0 等星，也是白色 A 型恒星的代表，它的质量为太阳的 2.1 倍，光度是太阳的 37 倍。距离我们 25 光年，与牛郎星之间的距离约 16 光年。

相信大多数读者对牛郎和织女的故事应该不会陌生，我们在这里不妨追溯一下这个传说的源头，看看最原始的版本是如何演绎的。完整的牛郎织女故事最早载于南北朝时期的《述异记》，故事的大意是：美丽的织女是天帝的女儿，每日辛勤织锦，无暇梳理打扮。天帝不忍其寂寞孤独，便把她嫁给天河对岸的牛郎，却不料婚后小两口只顾享乐，荒废了耕织。天帝一怒之下将织女遣回，只许两人每年相见一次。

七夕——织女人间送巧时

农历七月初七的夜晚，银河横跨天际，相传这一天牛郎和织女在喜鹊的帮助下跨过银河，享受一年一度的佳期。这一天就是七夕节，古时妇女们在这一天祭拜织女星，乞求织女赐予自己灵巧的双手，因此被称为"乞巧节"。唐代，乞巧节盛极一时，当时乞巧的方法是在七月初七的晚上，妇女们把瓜果摆在院子里，第二天早起，如果发现有蜘蛛在上面结了网，就说明乞巧成功。到了宋代，乞巧的方式发生了改变，出现了乞巧专门用的七个针眼的"乞巧针"，妇女们在初七朦胧的月光下，用彩线摸着来回穿过七个针眼，穿得快便得巧了。明代又流行一种"丢巧针"的游戏，乞巧的方式各地不同，可谓五花八门。

中国古代天文星占被朝廷所垄断，民间不许私习天文，因此除少数亮星外，百姓口口相传的民间星座与官方的有很大区别。牛郎织女传说中织女织布用的梭子、牛郎耕地用的牛轭（套在牛颈部的曲木）、为夫妻俩搭桥的喜鹊都被搬上了天，在不同地区的传说中，天津或被当作喜鹊或被视为鹊桥，梭子也有不同的版本，织女星旁的是其身份的象征，而在另一些传说中，梭子和牛轭则被当作信物抛给对方。

或许是牛郎织女凄婉的爱情故事影响太过深远，抑或"巧妇"早已不是男人们的择偶标准，今天的七夕已演变成为青年男女表达爱慕之情的"中国情人节"了。

测量恒星的距离

古希腊人相信恒星位于十分遥远的恒星天，但究竟有多远，他们不得而知。早期人类测量恒星距离的努力都以失败告终，直到 19 世纪 30 年代，人们才先后测出了 3 颗恒星的距离，它们是天鹅座 61、织女一和南门二。当时所用的方法称为"视差法"。

如果我们伸出一只手指放在鼻子前，然后交替地闭上一只眼睛，就会发现相对于较远的物体，手指好像在跳动。这是由于我们双眼的视线方向稍有不同，这种现象叫作"视差"。当地球围绕太阳转动时，我们的视线随着地球的运动也发生了变化。由于视差的存在，距离相对较近的恒星看起来会在更遥远的背景恒星中发生移动。天文学家可以根据视差的大小计算出恒星距离我们的远近。不过这种方法只适用于牛郎、织女这样的近距恒星，银河系中的大多数恒星都遥远得无法测量视差，它们只能充当视差原理中的背景恒星。要想知道远距恒星或更遥远的星团或星系的距离，天文学家只能寻求其他方法。

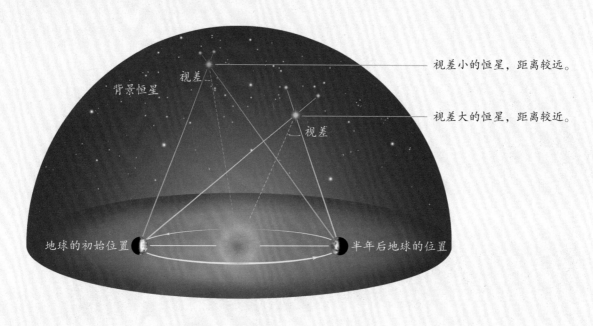

牵牛织女及白虎星象图（河南南阳白滩汉墓）

古代诗词中的牛郎织女与七夕	迢迢牵牛星 皎皎河汉女 纤纤擢素手 札札弄机杼 终日不成章 泣涕零如雨 河汉清且浅 相去复几许 盈盈一水间 脉脉不得语 ——（汉）无名氏《古诗十九首》
	明月皎皎照我床 星汉西流夜未央 牵牛织女遥相望 尔独何辜限河梁 ——（三国）曹丕《燕歌行》
	昭昭清汉晖 粲粲光天步 牵牛西北回 织女东南顾 ——（晋）陆机《拟迢迢牵牛星诗》
	牵牛出河西 织女处其东 万古永相望 七夕谁见同 ——（唐）杜甫《牵牛织女》
	银烛秋光冷画屏 轻罗小扇扑流萤 天阶夜色凉如水 卧看牵牛织女星 ——（唐）杜牧《秋夕》
	七夕今宵看碧霄 牵牛织女渡河桥 家家乞巧望秋月 穿尽红丝几万条 ——（唐）林杰《乞巧》
	纤云弄巧 飞星传恨 银汉迢迢暗度 金风玉露一相逢 便胜却人间无数 柔情似水 佳期如梦 忍顾鹊桥归路 两情若是久长时 又岂在朝朝暮暮 ——（宋）秦观《鹊桥仙》
	草际鸣蛩 惊落梧桐 正人间天上愁浓 云阶月地 关锁千重 纵浮槎来 浮槎去 不相逢 星桥鹊驾 经年才见 想离情别恨难穷 牵牛织女 莫是离中 甚霎儿晴 霎儿雨 霎儿风 ——（宋）李清照《行香子·七夕》
	盈盈一水望牵牛 欲渡银河不自由 月照纤纤织素手 为君裁出翠云裘 ——（宋）蒲寿宬《七夕》
	天上初流火 人间乍变秋 鹊桥银汉瑞云浮 织女今宵 何处唤牵牛 ——（元）马钰《南柯子·七夕吟》
	双针竞引双丝缕 家家尽道迎牛女 不见渡河时 空闻乌鹊飞 西南低片月 应恐云梳发 寄语问星津 谁为得巧人 ——（宋）张先《菩萨蛮》

扶筐
盛桑叶的箩筐

传说中车的发明人 奚仲

女

银河上的渡口及桥梁 天津

也称匏瓜，葫芦的古称 瓠瓜

败瓜 腐烂的瓜

离珠 妇女衣服上的珠饰

女

代 秦 越
韩 周 郑
晋 魏 赵 齐
楚 燕

十二国 春秋战国时期的十二个诸侯国

女

寻找女宿——银河中的大十字

夏夜银河中除去牛郎、织女二星，最显著的莫过于那浸润在银河中的明亮大十字。如果将周围几颗稍暗的星算上，便会发现这个十字架变成了一张弯弓，这就是夏夜非常著名的星官——天津。它也是女宿星组中最惹人注目的星官，风头远远盖过了女宿的主人——女。相比于明亮的天津，作为北方玄武第三宿的女宿要暗弱得多，它由 4 颗星组成，样子有点像箕宿。女宿还有几个别称，比如须女、婺（wù）女、务女、天女等，由于都带女字，常与织女星相混淆。但实际上织女是天帝的女儿或孙女，是地位高贵的"白富美"，而《晋书·天文志》解释须女的"须"字时说："须，贱妾之称，妇职之卑者也。"也就是说，女宿所代表的是民间地位低下、承担劳役的妇女。

女宿星组中还有几个有意思的星官。扶筐七星是盛桑叶用的箩筐，离珠是女孩儿脖颈上佩戴的珠玉，奚仲为古代的车正，十六颗星组成的十二国，主占各封疆之地。最有意思的是女宿和天津之间的两个小星官，一个叫瓠瓜，一个叫败瓜。瓠瓜也称匏瓜，是葫芦的古称，败瓜就是腐烂的瓜，这两个星官代表天子的果园，主占瓜果丰歉。大概是因为葫芦内多子，所以也用于占卜后宫子嗣是否兴旺。

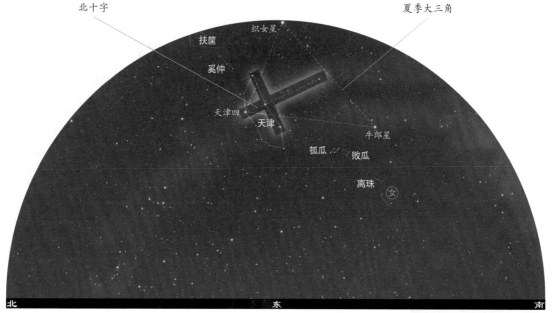

北纬 40 度地区 8 月末 21 点左右的东方天空

女宿——布帛与婚嫁之星

中国古代小说中经常出现二十八宿的故事，这些故事大多基于道教的星宿形象。女宿星神在道教中和蝙蝠相联系，叫作女土蝠。在《说岳全传》开始的章回中，就交代了一个与女土蝠相关的故事：天界的金翅大鹏啄死了在佛祖法会上放屁的女土蝠，被罚转世建功受罪，投胎路上却又忍不住嫉恶如仇，教训了黄河虬龙及其手下团鱼精。结果蝙蝠、虬龙和团鱼转世报复，纷纷投胎做了人：虬龙做了奸相秦桧，蝙蝠做了秦桧的妻子王氏，团鱼做了秦桧的爪牙万俟禼，金翅大鹏鸟转世就成了岳飞……

在星占中，女宿主布帛裁制和婚姻嫁娶之事。星占者认为，女宿四星的明暗，关系到妇女所从事的纺织业是否繁荣、国库是否充实、人民是否挨冻。如果女宿星光闪动，则有婚姻嫁娶和衣服裁制的事发生。这些星占的含义显然都是从女宿为劳动妇女出发而做出的引申和联想。

奚仲——夜空中的车神

在女宿星组中，有一个由 4 颗星组成的星官奚仲。这个名字今天听起来也许有些陌生，但在历史上这个名字是和车紧紧联系在一起的。据记载，奚仲是禹时代的人，为黄帝后裔，他的父亲番禺发明了舟船，而奚仲本人则发明了马

中西对照

与瓠瓜和败瓜对应的西方星座是海豚座（Delphinus），组成海豚的几颗星都不太明亮，但亮度相似的几颗星挤在一起，还是比较引人注目的。只是文化不同，人们联想到的事物也不同，如希腊人眼中的海豚，阿拉伯人看作珍贵的宝石，中国的老百姓则认为是织女的梭子。

天鹅座（Cygnus）与宙斯有关，是其诱惑埃托利亚王国公主勒达（Leda）时的化身。这只天

鹅成功地使公主怀孕，并产下两枚蛋，这就是后来成为双子座的孪生兄弟。天津四的西名是 Deneb，这个

词源于阿拉伯语，意思是"母鸡的尾巴"。古希腊天文学家托勒密称天津四为"鸟座之尾"。天津九星大致对应于天鹅的双翅、腹部和尾部，奚仲四星位于天鹅座的西北角。车府和辇道也有几颗星落在天鹅座的范围内。

车，并为大禹治水的成功做出了贡献，后被封为"车正"，这个职务相当于今天的交通部部长。夏禹还将薛地赐给他建立方国。奚仲被后世誉为"造车鼻祖"，人们修建奚公祠常年祭拜，以求出行平安，民间有"祭拜奚仲，平安出行"的说法。

天津——夏夜天河摆渡忙

夏夜银河中那个大大的十字，是夏季星空最显著的标志之一，西方民间就直接称其为"北十字"。古希腊人将它想象成一只沿着银河由北向南飞翔的天鹅，中国民间则认为它是七夕时为牛郎织女搭鹊桥的喜鹊，称为喜鹊星。但中国正统的星官体系对这个明显的标记视而不见。位于十字底部的 2.9 等星天鹅座 β，是一颗不受关注的无名星，直到清代才命名为"辇道增七"。中国星占家的关注点集中在十字的上半部分，他们在那里画出了一个如同弯弓或倒扣的渡船的星官——天津。

天津的名字总让人想起天津市，但两者并没有直接关系。虽然"津"都是指渡口，但天津市是天子的渡口，天津星官是指天上银河的渡口。不过历史上确实有依据天津星命名的事物。公元605 年，隋炀帝营建洛阳城，洛水从城中流过，比喻为天上的银河，洛水上最大的桥，就叫"天津桥"。天津桥的命名恰如其分，因为天津作为连接银河两岸的重要交通枢纽，除了有摆渡的船舶外，在星占中也常被看作一座跨越银河的桥梁。

我们可以设想一下"天津渡"或"天津桥"的繁忙景象：银河东岸农丈人生产的粮食、婺女制作的离珠，需要由这里运达紫微垣；天帝出巡，沿辇道直抵天津，乘车从桥上飞驰而过；出征的大军旌旗招展、鼓声震天，也由此处渡过银河。

天津九星中最亮的天津四，是夏夜里与牛郎、织女齐名的亮星。虽然天津四看起来不如牛郎、织女明亮，但它的实际亮度远远大于牛郎星和织女星，其光度约为太阳的 25 万倍，只是因为远在 3200 光年以外，才显得比距离我们 16.8 光年的牛郎星和 25 光年的织女星稍暗。

虚

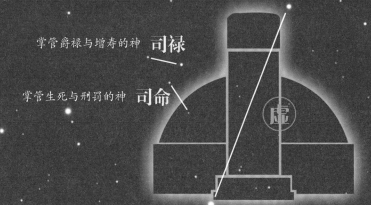

掌管是非与罪过的神 **司非**

掌管凶险与安危的神 **司危**

掌管爵禄与增寿的神 **司禄**

掌管生死与刑罚的神 **司命**

泣 低声哭

主管哭泣和死丧 **哭**

天垒城
用土修筑的防御性城寨

离瑜 妇女衣服上的玉饰

败臼 损坏的臼

虚

上下各一如连珠
命禄危非虚上呈
虚危之下哭泣星
哭泣双双下垒城
天垒团圆十三星
败臼四星城下横
臼西三个离瑜明

寻找虚宿——上古秋分的标志

　　秋季的夜空，亮星突然隐去，这让秋夜的星空显得有些寂寞。看看头顶，只有四颗星组成一个巨大的方块，别的星便没有什么特点了，这个巨大的方块就是著名的"秋季四边形"。将四边形由东北向西南的对角线延伸一倍多一点的距离，会发现一颗稍亮的星，那便是虚宿两星中的虚宿一了。虚星是传说中帝尧时期的"四仲中星"之一，《尚书·尧典》曰："宵中星虚，以殷仲秋。"意思是秋天昼夜长短相等的秋分，黄昏时虚星正好位于南方中天的位置。但是由于岁差，今天虚宿黄昏中天的星象，已经推迟至每年公历的 11 月了。

　　虚宿星组除了虚之外，还有司命、司禄、司危、司非四个名字神秘的星官和哭、泣两个表示悲伤的星官，在虚宿的南方还有天垒城、败臼、离瑜等星官。但这些星官无一例外都十分暗淡，在野外也难以观测，更别说光污染严重的大都市了。

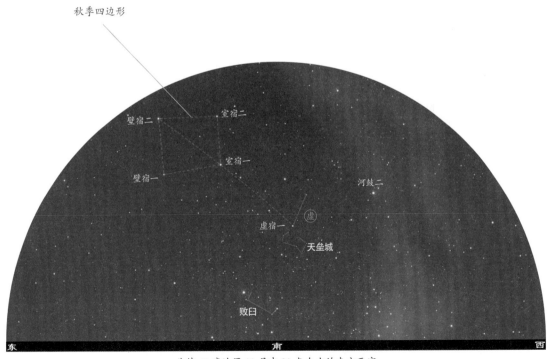

北纬40度地区10月中21点左右的南方天空

《尚书·尧典》曰："日中星鸟，以殷仲春；日永星火，以正仲夏；宵中星虚，以殷仲秋；日短星昴，以正仲冬。"这里说的是利用鸟、火、虚、昴四星黄昏时出现在正南方的现象确定季节的方法。其中"宵中星虚，以殷仲秋"的大意是昼夜等长的秋分日，夜幕降临时虚宿恰好位于正南方的天空。

虚宿——夜空伤心处

　　说虚宿是夜空中最伤心的地方一点儿也不过分。《史记·天官书》称虚宿掌管哭泣之事，主宰坟墓、死丧。于是虚宿附近设立的星官也多与此相关，比如虚的南边有两颗星叫"哭"，再往东有两颗星叫"泣"，都用于占卜死丧。另外，司命、司禄、司危、司非四个星官共八颗星更为厉害，用来占卜寿命、爵禄、安危、是非之事，其中司命负责刑罚、司禄负责赏赐、司危负责流亡、司非负责罪过。这八颗星如果明亮，则预示着有大的灾祸，不亮反而吉利。类似的还有虚宿星组内的败臼四星，从字面上看是"破败的臼"，主占灾害与逃亡，可以联想为灾难出现时人们四处逃亡，只剩下破盆烂罐。

　　值得一提的是，虚宿一对应宝瓶座 β 星，此星为宝瓶座中最亮的星。在古代巴比伦，宝瓶座被称为"司死之神"。在古埃及神话中，这只宝瓶是用来储存被凶神赛特杀死的冥王俄塞里斯（Osiris）的内脏的。在东西方不同的文明中，虚星都与死亡有关，这是巧合，还是中国古代天文在一定程度上受到西方的影响？各家众说纷纭。但其实只要看看虚宿出现的季节——秋季，就会明白，这些也许只是古人对深秋临冬时那种万物肃杀的景象表现出的恐惧和不安。《黄帝占》早就指出："十一月，万物尽，于虚星主之，故虚星死丧。"

颛顼之虚——北方的代表

虚宿又名北陆、玄枵（xiāo）、颛（zhuān）顼（xū）之虚等，是北方七宿的第四宿，排位在正中，又是四仲中星之一，因此虚宿称得上是北方七宿的主星。这一点在虚宿的几个别名中体现得十分明显。如北陆，本意为北方之地，用北陆来指代虚宿，说明其在北方七宿中的重要性。玄枵是黄帝的嫡长子，史籍一般写作"玄嚣"（xiāo），被分封在齐国、青州一带，正是虚宿的分野。玄枵一词在天文上还有另一个重要含义，它是十二次之一，对应于女、虚、危三宿，玄枵被用来特指虚宿，也印证了虚宿的重要。颛顼之虚意为颛顼故地，颛顼是五帝之一，后世五行家称它"以水德王"，与北方相配，这里虚宿再一次担当起北方的代表。

颛顼，号高阳氏，传说为黄帝之孙，昌意之子。继少昊之后成为上古部落联盟的首领。

天垒城——太空堡垒

北方自古为战乱之地，夜空中的北方也不例外。在虚宿的南边，哭、泣二星的西边，那里的星官是一座太空堡垒：在古星图中十三颗星团团围坐，形成一个浑圆的样子，名曰"天垒城"。这座太空堡垒究竟是敌是友呢？天垒城一词本身并无褒贬之分，我们只能从占词中判断其敌友。《巫咸赞》曰："天垒，主北夷，丁零、匈奴。"这样就清楚了，由于天垒城位于北方七宿中，因此代表的是一些经常侵扰中原的北方少数民族。在历史上，他们常常构成对中原政权的巨大威胁。所以这座天垒城可以理解为匈奴、丁零等北方少数民族在边境上建立的一座面对中原王朝的军事营垒。

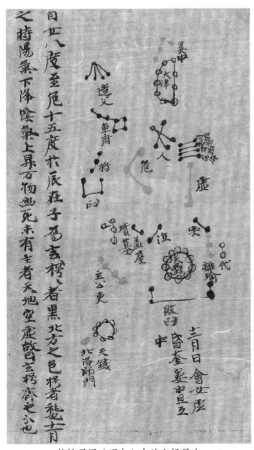

敦煌星图（甲本）中的玄枵星次

危

天钩 排列如钩状的星官

造父 古代驾车高手，周穆王的御者

存放车辆的车库 车府

杵 舂米用的木棒

舂米用的捣缸 臼

人 象征天下百姓

主占陵墓与悲惨之事 坟墓

危

盖屋 负责营造宫室的官员

虚梁 陵寝墓园

天钱 库房中的钱财

危

三星不直曲为之
危上五黑号人星
人畔三四杵臼形
府上天钩九黄晶
钩下五鸦字造父
危下四星号坟墓
墓下四星斜虚梁
十个天钱梁下黄
墓傍两星能盖屋
身着皂衣危下宿

寻找危宿——秋夜小屋搭建忙

要寻找危宿，在天高云淡、萧瑟寂寥的秋夜，应该还不算太难，我们只要先找到巨大的秋季四边形，在四边形的西南方向不远处，有三颗排列成"〈"形的星，那就是危宿了。此外，如果我们已经找到并且熟悉了女宿与虚宿，那么沿着女、虚两宿由西南向东北方向寻找，也能找到这个近乎等腰的三角形。危宿的这个形状容易让人联想到屋脊或屋顶之类的东西，"危"字在古文中也确实有屋脊的意思，古人可能由此认为危宿司职房屋建造一类的土木工程。

危宿星组除了危外，还有坟墓四星、虚梁四星、盖屋二星、天钱十星、人五星、杵三星、臼四星、车府七星、天钩九星和造父五星。

危宿——星空房产建设者

《史记·天官书》说危为盖屋，在危的下方还有两颗星就叫盖屋。这样看来，危宿与"房地产建设"是脱不开关系了。"危"字不仅能表示危险或者危房，也可以理解为"高"，正如李白诗中的"危楼高百尺"之意。那么危宿建设的是一座高楼吗？可能并非如此，在危的南边，有四颗星名为虚梁，梁为什么要加个"虚"字呢？虚指房子是空虚的、没有人居住的，而虚梁在星占中又是主管陵寝的星官。再看看危宿的附座由四颗星组成的"坟墓"应该就清楚了，这不是为活人所建的屋子，而极有可能是一座阴宅。

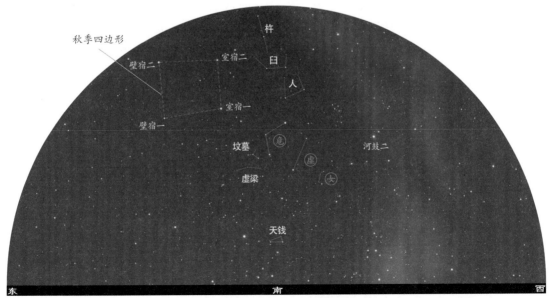

北纬40度地区10月中21点左右的南方天空

造父和天钩所在的天区对应于西方的仙王座（Cepheus），在希腊神话中这位埃塞俄比亚国王是一个软弱无能、被妻子所左右的人。而在更早的美索不达米亚，它被视为巴比伦城邦之王。天钩五是这个星座中最亮的星，西名为 Alderamin，源于阿拉伯语，意为"右臂"，但在星图上它一般标志着国王的右肩。由于岁差的原因，公元 7600 年左右它将成为北极星。

虚、危——隐藏的神龟

北方玄武为龟蛇，但并不像东方苍龙七宿那样能够勾勒出具体完整的形象。室宿以北有一个"螣蛇"星官，尾宿以南还有一个"龟"星，这是否就是北方玄武之象呢？这只龟已经爬出了北方玄武的势力范围，进入了龙的领地。螣蛇星数虽多，但都是些暗淡的小星，而且位置太北，远离黄道和赤道区域难当重任。难道北方玄武真的有名无实吗？

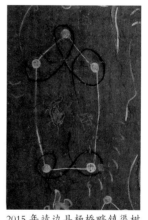

2015 年，陕西靖边县杨桥畔镇出土的一幅汉墓星图，为我们带来了新的认识。在这幅图中，虚宿与危宿连在一起，组成一个五边形，五边形中央画有一只龟的形象，而在虚、危二宿的连线上各盘有一条黑色的小蛇。这一龟两蛇的组合无疑才是北方玄武的真身。由此，我们可以推断北方玄武之象，是将原本独属虚危二宿的星象，扩大为北方七宿的整体星象。

2015 年靖边县杨桥畔镇渠树壕东汉墓星图虚危部分

造父——八骏如风行霄汉

视差法对于测量几百光年距离的恒星都显得有些力不从心，更别说遥远的星团和星系了。幸运的是，天文学家发现了另一个非常有用的工具——造父变星。这类变星通常比太阳亮 1000 倍，在很远的距离也能看到。人们发现它们的光度和光变周期成正比，这就意味着只需测量光变周期，便可推知其光度；然后利用观测到的实际亮度，根据近明远暗的"蜡烛原理"，就能够推算出天体的距离，因此造父变星也被誉为"量天尺"。这类变星以仙王座 δ 也就是"造父一"为代表，所以我们称之为"造父变星"。但"造父"这个名字听起来多少有些古怪，它究竟是人还是物？抑或有什么故事呢？

　　原来"造父"大有来头，据说他是颛顼帝的后裔，不仅善于饲养宝马良驹，而且驾车技艺高超，被西周天子周穆王相中，做了穆王的御用司机。与造父相关的故事颇多，其中流传最广的是他载着周穆王闯入昆仑仙境，不想被西王母挽留了三日，这三日便是人间三年。而在人间，心怀鬼胎的徐偃王见朝中无人，伺机起兵造反，却不想造父扬起鞭子驱动八匹千里马，居然不到两个时辰就将周穆王由昆仑山送回京城丰镐（今陕西西安一带），不久便平息了叛乱。

脉动变星

　　多数恒星的亮度几乎恒定不变，如我们的太阳，在 11 年的周期中只有不到 0.1% 的变化。然而一部分恒星的亮度却有着显著的起伏变化，这就是所谓的变星。大部分变星的亮度变化是由于自身交替膨胀和收缩而引起的，这类变星被称为脉动变星。脉动变星产生的原因是，恒星演化到一定阶段，其结构出现某种不稳定性，从而产生一定

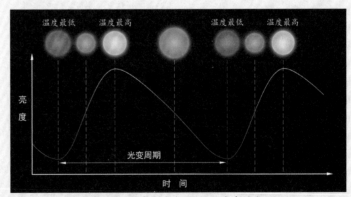

造父变星的光变曲线及体积和颜色的变化

幅度的脉动。脉动变星的光变周期相差很大，短的在 1 小时以内，长的可达几百天，甚至 10 年以上。星等变化幅度从大于 10 个星等，到小于千分之几个星等都有。

　　造父变星是脉动变星的典型类型，这类黄色超巨星，质量介于太阳的 4~20 倍，有着非常规律的光变周期，从几天到数周不等（但也有个别周期长达 200 天的）。在一个脉动周期中星体的半径变化可以达到数百万千米，可见光波段的光变幅度为 0.1~2 个星等。仙王座 δ（也就是造父一）是这类变星的典型代表，其最亮时为 3.7 等，最暗时为 4.4 等，光变周期为 5 天 8 小时 47 分。

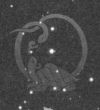

室

一种会飞的蛇 **螣蛇**

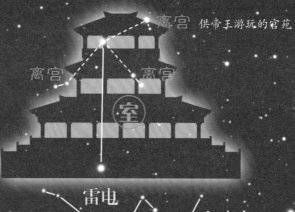

离宫 供帝王游玩的宫苑

离宫 离宫

室

雷电

土公吏
负责土木营造的官员

垒壁阵 军营四周的防御工事

陷阱 **八魁**

羽林军
天帝的近卫军

铁钺
军中用于执法的大斧

北方军营的大门 **北落师门**

供天帝使用的军帐 **天纲**

室

腾蛇室上二十二
电傍两黑土公吏
门西一宿天纲是
门东八魁九个子
一颗珍珠北落门
三粒黄金名铁钺
仔细历历看区分
军西众星多难论
四十五卒三为群
阵下分布羽林军
十二两头大似井
下头六个雷电形
垒壁阵次十二星
绕室三双有六星
两星上有离宫出

寻找室宿——营室东壁四星灿

秋季星空最明显的标志，莫过于那高悬在天顶附近的巨大四边形了。这个四边形东边的两颗星是壁宿，而西边的两颗就是我们要找的室宿了。室宿又名营室，是"营造宫室"之意。其实室、壁二宿也可以合称为营室，古人将这四颗星看作一间方方正正的房子，东边的两颗星是房子的"东壁"，西边的两颗是"西壁"。后来东壁分出来自成一宿，营室就只剩下西边一堵墙了。

室宿星组中还有离宫六星、雷电六星、土公吏两星、腾蛇二十二星，剩下的都是与战争相关的星，如垒壁阵、羽林军、北落师门、天纲、八魁、铁钺等。其中北落师门是秋夜里唯一可见的一等星，沿着室宿一直向南寻找，便可在南边的低空看到这颗秋夜里的"独孤求败"。

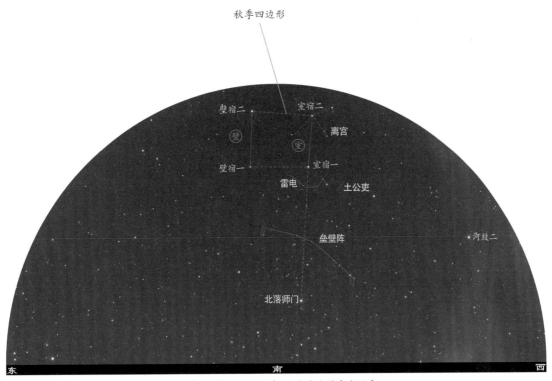

北纬 35 度地区 10 月末 22 点左右的南方天空

室宿——天子出游的行宫

深秋 11 月晚上 8 点左右，在我们头顶上方偏南一点的位置，可以看到近乎呈正方形分布的四颗星，这就是观星者所称的"秋季四边形"或"飞马四边形"了。中国古人除了觉得这个大方块像一间房子外，还有"营室东壁，四方似口"的说法。

室宿除了"营室"外，还有一个曾用名"定"。按照《尔雅》的说法，定是锄头一类的农具，但也有学者认为这与古人在营造房屋时把四四方方的营室看作确定南北方位的基准有关。看来无论是定还是营室，都与房屋建造脱不开关系，所以室宿的星占意义也离不开土木工程之类的事情。《晋书·天文志》说营室二星是天子的宫殿，是玄宫，又是清庙，其主要功能是为祭祀服务的。与营室紧紧相连的，是离宫六星，它们是室宿的附座，两两分居，共三组，围绕在室宿二左右。这是天子的皇家别苑，是供天子游乐和休憩的地方。

古代诗词中的营室东壁	台曜临东壁 乾光自北辰 ——（唐）刘升《奉和圣制送张说上集贤学士赐宴赋得宾字》
	文星合在天东壁 清都紫微醉云墩 ——（宋）黄庭坚《别蒋颖叔》
	东壁星辰烂不收 夜凉河汉截天流 ——（宋）徐冲渊《奉和御制秋怀诗》
	天门室宿郁如虹 海上萧条牧豕翁 ——（明）尹嘉宾《平原道中见牧豕者》
	海滨老人双眼明 昨宵仰见营室星 ——（清）光鹫《蜃楼歌》

定

《诗经·鄘（yōng）风》中有"定之方中，作于楚宫"一句，大意是说：当定星出现在南天正中，就是修筑宫室的时候。春秋时期，农历十月初昏，秋季四边形正好位于南方中天。此时正是秋末冬初，天气尚暖又恰值农闲，农夫们被征调起来为朝廷服劳役，营建宫室，故这个标志性的星座又被称为"营室"。

离宫——东西两条交通线

离宫主要供天帝和后妃们休息、游乐之用，平时居住在紫微垣的天帝和嫔妃们如何往来于两地呢？这就需要借助于发达的天庭交通系统了，从紫宫到离宫有东、西两条路线。前面我们在北方七宿中陆续介绍了辇道、天津、车府、奚仲、造父等星官，这些与交通相关的设施和人物就是西线。如果天帝选择走紫微垣的南门，停在南门外的豪车正是帝车——北斗，这时可命造父驾车，沿辇道向东南行驶，在天津乘船渡过银河，之后东行即可。如果路途上车辆出了点小毛病，可以找奚仲或到车府进行修理。如果天帝出紫微垣北门，则意味着选择了通往营室离宫的东线高速公路——阁道，这时由一直在阁道旁待命的另一位神驭手王良驾车，驶上阁道一路向南，通过阁道上的桥梁跨过银河直抵营室。这条高速路上，还设有备用的附路和供天帝一行休息下榻的传舍，以及饲养天马的天厩。设立马厩可能是因为高速路上马跑得快容易疲劳，经常需要更换马匹。相比之下，东线高速路程较短，路况也好，可能更舒适些。西线虽然路远，但沿途风景想来十分秀丽，也许帝后嫔妃们更喜欢一边欣赏风景一边嬉闹着在辇道上行驶。

腾蛇——北方玄武中的蛇

在室宿中，有一个形体巨大、位于北极附近的星官——腾蛇。该星官由22颗星组成，确实像一条蜿蜒盘绕的巨蛇。在西方星座中有三条蛇：被武仙杀死的长蛇、蛇夫手中握着的巨蛇和南极附近的水蛇。在中国，蛇虽然是组成四象的5种动物之一，但传统星官中只有腾蛇这一条蛇。何为腾蛇呢？它是传说中一种会飞的蛇。石申认为，腾蛇是雄性的，当它与雌性的龟鳖交配，就能生出一种龟身蛇颈的神兽，这大概是玄武的另一种形态吧。前面已经说过，北方玄武七宿并没有特别明确的龟、蛇形象，如果虚、危相连为龟的话，那么蛇就只能是这条腾蛇了。这一星官的设立，很可能正是古人为弥补北方七宿中无蛇的缺憾而有意为之。

古星图中腾蛇二十二星的常见画法

北落师门——远离黄道的天王

早在巴比伦时期，人们就挑选出轩辕十四、心宿二、北落师门和毕宿五这四颗星作为黄道四方的守护者，称为"四大天王"。但与其他几颗星相比，北落师门这颗代表秋季的亮星，离黄道实在是远了点。这也难为古人了，谁让秋季的亮星这么少呢？

"北落师门"的名字颇有些气势，但也令人费解。李淳风在《晋书·天文志》中解释说：北代表方位，落表示藩落篱笆之类的布防，师门就是军门，连起来就是北方军营的大门。他还说长安城的北门叫北落门，就是法象于此星。作为秋季星空中唯一的明星，北落师门自然受到星占者们更多的关注。据说国家是否安宁、军队是否强盛等都可通过此星占卜得出。

垒壁阵、羽林军——御驾亲征的北方战场

犬戎、匈奴、鲜卑等彪悍的北方游牧民族，历来是中原统治者的心腹大患，除了修筑长城之外，还需重兵布防，必要时皇帝还得御驾亲征。正是为占卜北方战事的需要，古人在北方七宿内设立了一个面对北方民族的战场。

狗国象征犬戎之国，天垒城代表丁零和匈奴。长长的垒壁阵，宛若星空中的万里长城，起到对天垒城的防御作用，是抵御外敌的前哨阵地。垒壁阵之后驻扎的是密密麻麻的羽林军，共45颗，每3颗一组，分为15组，这是国家的精锐部队，也是皇家的卫戍部队，羽林军的出现也说明皇帝已经亲自出马。天纲为天子之位，是军营里拉起的御帐，供皇帝指挥、休息之用。羽林军的东面，还有一个迷惑敌人的怪阵，称为八魁，形似"卍"字，仿佛诸葛亮八阵图那般诡谲的陷阱。铁钺是手持大斧维护军纪的执法官。天纲稍北就是供军队进出的北落师门。垒壁阵西的十二国是各路诸侯派来勤王的部队，这就大大加强了抵御北狄的力量。

除了部队和军事设施外，在北方七宿的各处还散落着一些与战争有关的星官，如天钱，是用于战争的拨款；左旗、右旗、河鼓、天桴等摇旗呐喊、擂鼓助威，起到鼓舞士气的作用；牛宿、女宿、人、臼、杵等都和后勤生产、军备物资有关；战争难免有死伤，所谓"一将功成万骨枯"，焉能无哭泣之事，虚、危就是星空中的伤心之地，坟墓就设在垒壁阵附近，看来古人想得还真周全。

马房 **天厩**

壁

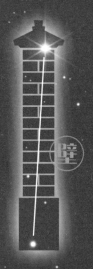

负责土木建设的官员 **土公**

霹雳

云雨

铁锁 铡草的铡刀

两星下头是霹雳
霹雳五星横著行
云雨之次日四方
壁上天厩十圆黄
铁锁五星羽林傍
土公两黑壁上藏

寻找壁宿——秋夜四星东两星

秋季夜空中的大四边形，早已为我们所熟悉，它常常被想象成各种东西，比如田地、桌子、床等。我们的祖先则将其视为一间房屋，四边形东边的两颗星便是房间的一堵墙，于是就叫"东壁"后来简称为"壁"。

壁宿所辖除了壁本身相对容易寻找，其余星官都暗弱难辨。如同室壁二宿联系紧密一样，壁宿中的星官也多与室宿诸星有联系，如霹雳、云雨与室宿中的雷电是一组与气象相关的星官；土公两星与土公吏都代表负责土木工程的官员；铁锁五星与室宿中的铁钺都可以被看成战场营地边给牲畜军马剁饲料的铡刀，如果这两个星官暗弱，则被认为牲口挨饿或有疾病，相反则牛肥马壮。不过这两个星官本身就没有什么亮星，看来古代的牲畜日子可不太好过啊！

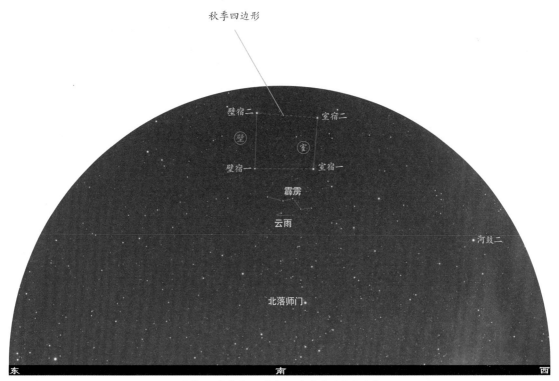

北纬35度地区10月末22点左右的南方天空

东壁——秘密藏书库

天上的营室由室宿和壁宿两个星官组成，营室的西墙是室宿，代表天子的宫殿，那么营室的东墙代表什么呢？《晋书·天文志》认为，东壁是藏纳天下图书的秘府，这里有天下的书籍典藏。壁宿也因此用来占卜文章之事，如果壁宿明亮，说明帝王文治天下，学术盛行，国家多君子；反之，若壁宿暗淡，说明国君重武轻文，壁宿中的那些图书也被束之高阁，弃之不用了。如果壁星摇动闪烁，则预示着国家要大兴土木了。

墙壁为何与藏书相联系？危、室两宿均与房屋、土木工程有关，与室宿紧密相连的壁宿却为何只有在动摇时才表示有动土之事呢？这多少有些不合常理。也许一则发生在汉景帝时期的故事有助于我们解开这一疑问。汉景帝的儿子鲁恭王刘余是个声色犬马之徒，为扩建宫室苑囿，竟然要强拆孔子的旧宅，结果刚开始拆除就听到钟磬琴瑟奏响的声音，看来孔子的宅邸强拆不得，于是赶紧停工。在清理残墙断壁时，却意外发现了《尚书》《论语》《春秋》《孝经》等大批用"蝌蚪文"写的古书，这就是后来儒家学者所说的"古文经"。这件事把墙壁、图书文章、土木工程等都联系了起来。"孔壁中经"的这则典故，可能正是东壁主文章的由来。

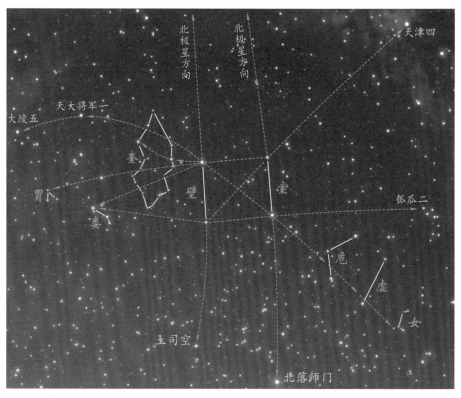

在明星寂寥的秋季，室壁四星不但能让人过目不忘，还是秋季认星、寻星的理想工具。首先我们将四边形的右边线向南延伸3.5倍，即可找到北落师门；向北延伸5倍，就是北极星。壁宿两星组成的左边线，向南延伸2倍多，便是土司空的位置，向北延伸也指向北极星。将壁宿二与室宿一的连线向西南延伸便依次可以找到危、虚、女三宿，而壁宿一与室宿二组成的另一条对角线则指向天津四的方向。

中西对照

秋季四边形也被叫作"飞马四边形"，4颗星中有3颗来自飞马座（Pegasus）。这匹飞马据说是珀修斯（Perseus）砍下蛇发女妖美杜莎（Medusa）的头颅后，从她的颈部飞出的。壁宿二现在被划入仙女座（Andromeda），但它的两个西方名称 Alpheratz 与 Sirrah，均源于阿拉伯语"马的肚脐"，可见长期以来营室四星都被认为属于飞马座。

除了室、壁两宿外，危宿二、三也在飞马座中，杵、臼、人、雷电、土公吏五个星官也全部或大部分位于飞马座。

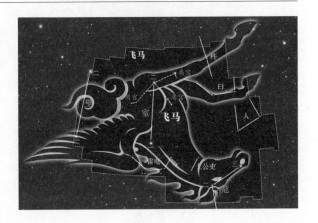

消失的壁宿——二十七宿之谜

月亮在恒星中穿行，27.3 天运行一周，这在天文上称为"恒星月"，其实就是月亮绕地球运行的公转周期。二十八宿的起源与古人对月亮运行的认识密不可分，28 个数字就是基于恒星月的周期取定的，但 27.3 天四舍五入应该是 27 才对，为什么要取 28 呢？其实原因很简单：28 是 4 与 7 的乘积，可将二十八宿分为 4 组，每组代表一个季节，而 7 合于北斗七星之数，日、月、五星合起来也是 7。

那么古人难道真的没有考虑过 27 这个数字吗？毕竟这是一个更加合理的数字。既然室、壁曾合为营室，历史上是否也曾作为一宿，而成为二十七宿呢？《史记·天官书》在叙述周天星宿时只涉及 27 个，只说营室，而不谈东壁。这是否可以作为中国古代确曾使用过二十七宿的证据呢？同样有二十八宿的古代印度，更多的是使用二十七宿，并且其中一种做法就是将室、壁合为一宿，而成二十七宿。

霹雳云雨——上古的天气预报

在室宿和壁宿星组中，有三个和气象相关的星官：云雨、雷电、霹雳。云雨四星负责占卜雨水及万物生长之事。雷电六星即为占卜平常的打雷闪电所用。霹雳与雷电的本质相同，但在星占中霹雳五星所代表的，是比一般发生在云层内的闪电更强烈的云地闪电，这种闪电威力强大，造成雷击现象，能够对人类的生产和生活产生影响。所以在星官占卜中，霹雳主阳气大盛，可以击碎万物。

《黄道总星图》（徐朝俊本）

1723 年，由德国传教士戴进贤立法，意大利传教士利白明镌刻，是我国古代唯一的一幅铜版画星图。此图按黄道分为南北两个半球，十二条辐射线分天球为十二宫，每宫 30 度，外圈标注宫名和二十四节气。包括南极增星共绘星 285 座，正星 1257 颗，正星之外还有约 600 颗增星。

—— 第五章 ——

西方七宿

奎\娄\胃\昂\毕\觜\参

西方白虎

昴

毕

附耳

觜

参

伐

奎

马鞭 策

阁道
天帝出行的御道

王良 春秋时期的驾车高手

附路 阁道的便道或备用道路

军南门 军营的南门

奎

外屏 遮蔽天溷的屏障

天溷 猪圈兼厕所

土司空 管理土地农事等的官员

奎

腰细头尖似破鞋
一十六星绕鞋生
外屏七乌奎下横
屏下七星天溷明
司空右畔土之精
奎上一宿军南门
河中六个阁道行
附路一星道傍明
五个吐花王良星
良星近上一策名

寻找奎宿——破鞋高高挂秋夜

秋季入夜，向北天望去，北斗躺在地平线上。与它遥遥相对的，是五颗星组成的 M 形，那是西方星座中著名的仙后座。通过这五颗星，我们也可以找到北极星。在中国星官中，这 5 颗星分别属于王良、策和阁道三个星官，它们都属于西方白虎七宿的第一宿——奎宿星组。

虽然《步天歌》对奎宿的描述是"腰细头尖似破鞋"，但若在秋季眺望星空，没有些想象力是很难将飞马四边形东边那些暗弱恒星想象成一个大鞋底的。奎宿十六星中最亮的奎宿九，是一颗 2 等星，古称奎大星。古代天文学家常说："白比狼；赤比心；黄比参左肩；苍比参右肩；黑比奎大星。"也就是说，奎宿九这颗星是黑色恒星的标准。天上哪儿会有黑色的恒星呢？按照现代光谱分类，奎宿九属于红色的 M 型恒星。但古人深受五行思想的影响，以红、黄、蓝、白、黑五色来配五行，星光自然也必须服从这种分类，于是略显暗淡的奎宿九就被视为黑色了。同理，红色的参宿四也变成了黄色。

奎宿星组还包括王良五星、阁道六星、天溷七星、外屏七星；另有策、附路、土司空、军南门各一星。

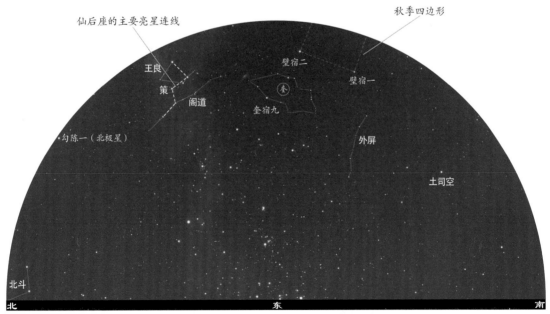

北纬 35 度地区 11 月中 20 点左右的东方天空

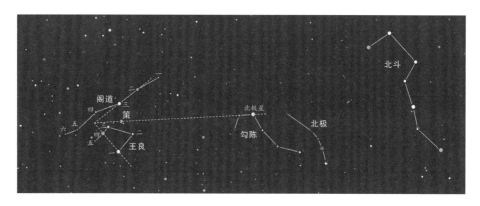

除了利用北斗寻找北极星外，通过西方的仙后座，也就是王良一、王良四、策、阁道三、阁道二，也可以很容易地找到北极星。

奎宿——肥猪假借魁星名

奎宿在道家的二十八宿星君中是一匹狼，称为"奎木狼"。《西游记》中，奎木狼下界化身为黄袍怪，掳走了宝象国公主，玉帝派其余二十七宿出马，才将其招回。不过说到奎宿，有一个"李逵和李鬼"的误会不得不提。天上诸星之中，最让书生们敬畏的是北斗七星中的前四星——魁星。据说他原本是一个天才，但相貌实在难以恭维，脸上的麻子如同芝麻火烧，走起路来一瘸一拐，虽然他的文章天下第一，但皇帝见了还是觉得很不爽，就问他怎么长成这副模样。那人却答道："麻面映天象，捧摘星斗；一脚跳龙门，独占鳌头。"也许是他的机智打动了皇帝，最终被钦点为状元。据说此人最后成了魁星神，所以这位神仙的塑像都是面目丑陋、单脚踩鳌头的造型。

自从魁星开始负责天下文章，书生们便纷纷供奉祭拜，后来的状元都在金殿上作金鸡独立状，模仿魁星的"独占鳌头"。然而魁星的名字和奎宿的"奎"撞了车，几经讹传，本来与文章学问毫无瓜葛的奎宿，居然也成了众书生膜拜的对象，香火比起魁星来有过之而无不及。但这些香火客并不知晓奎宿是什么。《晋书·天文志》说，奎为"天豕"，也叫"封豕"，也就是说奎宿是天上的大猪。这些书生学子便是参拜过肥猪之后，欣然赶考去也。

奎宿星组的部分星官可以看作一个养猪场及其周边设施，奎宿这头天猪居其中，下方有一个星官名为天溷（hùn），意思为猪圈兼厕所，可见厕所下养猪的传统自古有之。为了遮挡污秽的味道，还特地设了一个称为外屏的星官。猪圈外另有一个属于娄宿星组的星官——右更，可看作猪倌，负责天庭养猪场的饲养工作。

王良与阁道——天子郊游图

奎宿中的另一个重要星官是王良，它与近旁的策、阁道、附路一起，勾画出一幅天子出游的图景：王良这位著名的马车夫挥舞着皮鞭，在专为天子建造的阁道上飞驰；阁道边设有附路，是阁道损坏不通时的备用路段，如此周密的配置和当今的高速公路如出一辙；高速公路需要在跨河之处架设桥梁，而阁道跨越的河段正是银河最为狭窄的流域，与天津、箕斗附近相比也要暗淡很多，想必水流也不湍急，正是架桥的最佳地点，古书中就有王良为"天桥"的记载。

说起王良，算得上是一位神乎其神的驾车高手。据说他驾车时能够与车马融为一体，舞动双臂，鞭子似有似无，甚至可靠意念驾驭。历史上与王良相关的故事甚多，比较著名的是三家分晋的典故。王良服侍的主子是晋国公卿赵襄子，当时晋国王族势力衰微，领土被荀、韩、赵、魏四大家族瓜分。其中荀家势力最大，野心最盛，联合韩、魏围攻赵家城池，双方僵持不下，联军便想水淹城池。赵襄子便让王良驾车载着特使前去游说韩、魏两家。王良驾车能力非凡，单车轻易突出重围，确保了游说成功，结果赵、韩、魏三家联合灭荀，之后瓜分了晋国。

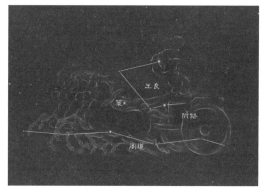

宋代的王良及附近星官

在三家分晋的过程中王良功勋卓著，不过这位能人也颇有些小脾气。王良最先辅佐的是赵襄子的父亲赵简子，一次赵简子的宠臣嬖（bì）奚出外打猎，赵简子命王良为之驾车。劳累一天一无所获，嬖奚回来抱怨王良是天下最拙劣的车夫。王良得知后，请求再一次为之驾车，结果这次收获颇丰，嬖奚高兴得夸赞王良是天下最高明的车夫。之后赵简子要王良专为嬖奚驾车，王良执意不肯，他认为第一次按章驾车，无获，第二次自己只好迁就嬖奚违章驾驶，结果收获很多。《诗经》说："不失其驰，舍矢如破。"意思是不违反驾驭的章法，也能射中猎物。王良认为不遵守规则的获利是小人的做法，于是拒绝了这件事。

后来王良辅佐赵襄子。赵襄子喜欢养马，宝马良驹甚多，但驾驭技术很差，于是向王良讨教驾驭之道。赵襄子学了一段时间，想试试身手，于是与王良一决高下。第一场王良领先，赵襄子苦苦追赶，落败。第二场赵襄子换了更好的马，一路领先，却怕王良超越，结果还是被超越。第三场赵襄子换了最好的马，决心取胜，但最终也落败。事后赵襄子问王良原因，王良解释说，第一场赵襄子苦于追赶，第二场恐于被超越，第三场一心想胜利，都没有把心放在驾驭之术上，当然不可能取胜。

隔着北极星与北斗遥相呼应的是仙后座（Cassiopeia），它的标志是夜空中一个大写的 W 或 M。具体来说，夏季入夜后，它在北极星之下，呈 W 状；而隆冬时节黄昏后，它如 M 扣在北极星之上。这位仙后是古埃塞俄比亚的王后，仙女座（Andromeda）的母亲，名叫卡西欧蓓雅，因过于自负得罪了海神波塞冬，所以在星空中以一种不雅的姿势示人，好像还在接受着惩罚。王良、阁道、策、附路等均位于仙后座，传舍、华盖、杠的大部分也位于其中。

土司空——金色的农业之星

在奎宿的南方，北落师门的东边有一颗 2 等亮星，阿拉伯人称它为"第二只青蛙"（北落师门是"第一只青蛙"），中国古人称之为土司空，是司职土地与农事的官员。由于和农业有瓜葛，出于对丰收的期盼，人们希望这颗星的颜色越黄越好。石申认为，如果这颗星个头大而明亮，天下便谷物丰盈，国泰民安；倘若颜色变得金黄耀眼，那必定是吉祥之兆。不过恒星的颜色还是其本身的物理性质说了算，土司空表面温度比太阳低，属于 K 型光谱，恰好为橙黄的颜色，符合吉祥之兆，正好满足了人们对金秋丰收的祈望。

两座汉墓星图中虽然奎宿星数缺失，但还是准确体现了奎宿两头尖的特点，以蛇来诠释奎宿与《天官书》不符，很可能是民间画工将"奎"理解为"蜂"即蜂蛇了。

定边汉墓星图局部（吕智荣供图）

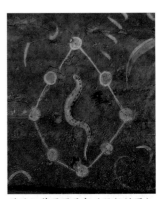

靖边汉墓星图局部（段毅供图）

古代诗词中的奎宿	杳杳孤峰上 寒阴带远城 不知山下雨 奎斗自分明
	——（宋）杨蟠《北高峰》
	拂拂秋风生桂枝 于门何日诞英奇 请看素魄初圆夜 正是奎星呈瑞时
	——（宋）黄公度《上陆盐生辰五首》
	石湖二字天上归 奎星壁宿落山扉
	——（宋）杨万里《圣笔石湖大字歌》
	奎壁光芒久聚东 奏篇入献大明宫 胸中抱负经纶业 笔下铺张造化功
	——（宋）崔与之《送袁校书赴湖州别驾》
	议论参诸老 文章本六经 省中相别后 夜夜望奎星
	——（宋）戴复古《寄赵茂实大著二首》
	朝廷不召李功甫 翰苑不着刘潜夫 天下文章无用处 奎星夜夜照江湖
	——（宋）戴复古《寄后村刘潜夫》
	七十七翁犹眼明 三台星畔见奎星 文章有气吞馀子 议论无差本六经
	——（宋）戴复古《寄吴明辅秘丞》
	西都生昴宿 东井聚奎星 仅可尊秦陛 安能肃汉廷
	——（宋）刘克庄《咏史五言二首》
	晴是羲和喜 阴是嫦娥妒 暖是青帝来 凉是赤熛去
	灾是旄头出 祥是奎星聚 雷是阿香噴 涛是灵胥怒
	——（宋）刘克庄《杂咏一首》
	文占天上奎星聚 语到宵中斗柄斜 老衲畏寒仍戒酒 不能伴客赋梅花
	——（宋）释善珍《和陈宰诸官登罗汉阁看草书经卷韵》
	百尺阑干最上头 杯中旗影动奎娄 海通蛮岛三千国 山镇东南数百州
	——（宋）柴随亨《越镇山楼》
	三年三揖壁奎星 当日曾登著作庭 大雅重逢君子聚 斯文还属圣人兴
	——（宋）马廷鸾《秘省和刘左司韵》
	壁奎星聚来时彦 河汉天垂仰化工
	——（宋）马廷鸾《御书道山堂次林竹溪韵》
	燕分炳箕宿 鲁野照奎星
	——（宋）无名氏《水调歌头》

娄

天大将军

天军的大将

左更

管理山林的官员

右更

管理畜牧的官员

娄

天仓

方形的谷仓

天庾

露天的堆谷场

娄

娄上十一将军侯
天庾三星仓东脚
天仓六个娄下头
左更右更乌夹娄
三星不匀近一头

寻找娄宿——扭头回望的白羊

白羊座是黄道十二星座之首，在西方古典星图上，它常被描绘成一只回首张望的白羊。这个星座的主要亮星有 3 颗，都集中在白羊的头部。巧合的是，这三颗星恰好组成中国星官"娄"。也就是说定位到了秋季四边形东边的白羊座，就找到了娄宿。

娄宿三星中最亮的娄宿三是一颗黄色的 2 等星，在它的正北方不远处，我们还可以找到另一颗橙黄色的 2 等星——天大将军一。这两颗星与奎宿九组成一个近乎等腰的三角形，这 3 颗星亮度几乎相等，而且颜色也较为接近，是秋冬之交夜空中比较明显的标志。天大将军一与周围的一些暗星组成一个像弓一样的星官——天大将军，最亮的天大将军一当然是大将，另外 10 颗暗弱的小星则是些小军官。

除了相对好找的娄以及天大将军外，娄宿星组还包括左更五星、右更五星、天庾（yǔ）五星和天仓六星。

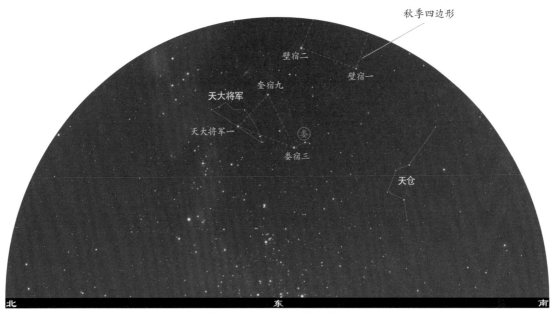

北纬 35 度地区 11 月中 20 点左右的东方天空

娄——庙宇殿前的祭品

《史记·天官书》说"娄为聚众"，将娄与聚众造反之类的事联系起来。《晋书·天文志》又提到了娄的其他星占功用，主苑牧、牺牲，也就是说饲养牛马猪羊，然后宰杀作为祭祀用的贡品，也是娄的重要任务。娄字有母猪的含义，古人将淫乱的女子比作"娄猪"。既然奎宿是一头天猪，旁边有一头母猪倒也十分正常。有了母猪，自然就会有一群小猪聚在一起。猪是人类最早驯化圈养的动物之一，也是祭祀时必不可少的牺牲，这或许就是娄有聚众、苑牧、牺牲等星占含义的来源。

定边郝滩汉墓星图中在娄宿三星下方绘有一只野猪（吕智荣供图）。

娄人——娄宿名称之谜

星占和传说尚不能为我们揭开娄宿得名的真正原因。那么娄宿之名究竟由何而来？天文史学家陈久金先生认为娄宿与娄人有关。娄人为夏人的一支，随着夏王朝的建立，娄人不断向东发展，当时娄人的足迹遍及今天山西、河南、山东一带，如山西就有娄山、娄乡等。到了西周时期，大禹的第三十六世孙娄云衢（qú）被封为东楼公，封地在今天的河南杞县，建立了那个"杞人忧天"的杞国。后来杞国被楚国所灭，一部分娄人被迫东迁，定居于今山东安丘、诸城一带，依附于鲁国，并与鲁国建立了密切的姻亲关系。其中的一支子孙获得封地，并以先人的氏族名称"娄"命名，称为娄邑（今山东诸城），这部分人的后裔遂以娄为姓。

在分野体系中娄宿为鲁国的分野。《晋书·天文志》说"高密入娄一度"，就是说高密与娄宿相对应。而高密就在诸城、安丘附近，应当也曾是娄人的活动区域。《路史·国名》说"密之诸城有娄乡"，就是证明。十二星次中有一个降娄星次，对应奎、娄两宿。其名称的来历，也应与娄宿同源，意思应为娄人降生之地。

除娄外，胃也位于白羊座（Aries）。在古希腊神话中，这只所谓的白羊其实是一只长着翅膀会飞的金毛羊，不知为什么古典星图中一直将它描绘成一只普通的绵羊。虽然缺乏亮星，但古希腊人非常重视白羊座，因为它是那时春分点的所在。与中国古人重视冬至点不同，古希腊人更关注春分点，将其作为黄道的起点。

娄底——一个美丽的传说

湖南省有个娄底市，娄底市还有一个娄星区。有一个流传很广的说法，认为娄底本为"娄氐"，因为这里是娄宿和氐宿交相辉映之处。但娄宿和氐宿一西一东，在天穹上相差近180度，只能是参商不相见，如何能交相辉映呢？那么是否在分野体系中，这里属于娄宿和氐宿的交叉地带？回答也是否定的。在传统的分野体系中，奎、娄对应鲁国、徐州，即今天山东、江苏部分地区，氐、房、心三宿的分野在宋国、豫州，是今天河南、安徽等部分地区，没有一个与湖南有关，今天的湖南省属于古代荆州，在分野上对应翼、轸，与娄、氐没有任何关系。

实际上，娄底之名始于北宋熙宁六年（1073年），不过当时不叫"娄底"，而叫"楼底"。有一种说法认为，大概那时当地有一座高楼，人们常聚集在高楼之下进行集市贸易，久而久之有了楼底之名。到了后来，一些文人学士可能觉得楼底一名太俗，便附会以娄、氐双星的故事，于是在清初正式改名为娄底，而娄星区的名字是1999年时才出现的。

河南南阳东汉墓白虎星象图

胃

银河中航行的船
天船

积水 汇集的水

大陵 天子或诸侯王的陵墓

堆积的尸体
积尸

胃

天廪 储存粮食和柴草的库房

天困

圆形的谷仓

寻找胃宿——暗淡三星鼎足状

要想在如今大都市的夜空中寻找没有亮及 3 等星的胃宿，几乎是一项不可能完成的任务。我们最好先找一处远离灯火的郊野，然后在初冬的夜空中仔细搜寻，先找到娄宿，再向东北偏移一点，才能看到大致组成一个等边小三角形的 3 颗暗淡无光的小星，这就是胃。相比之下，天顶附近淡淡的银河之内，有两颗较亮的星更好找一些，它们是属于天船和大陵两个星官的天船三和大陵五，也是胃宿星组中最亮的两颗。它们与西边的天大将军一组成一个不规则的三角形，如果再算上奎宿九和另一颗 3 等星娄宿增六（三角座 α），5 颗星组成一个 "W" 形，恰似一个放大版的仙后，而且它们就在仙后座南边不远处，很是有趣。

《步天歌》中归入胃宿星组的星官除了胃、大陵、天船之外，还包括天廪（lǐn）、天困（qūn），以及位于天船中的积水一星和大陵中的积尸一星。中国星官中偶有一些重名的现象，比如积水、积尸这两个星名还分别出现在井宿和鬼宿星组中。此外，还有杵、三公、天田、土司空、五诸侯等也都分别对应两个星官。所以涉及这几个星官名时，一定要先弄清楚位于哪个星组，才能明白指的是什么星。

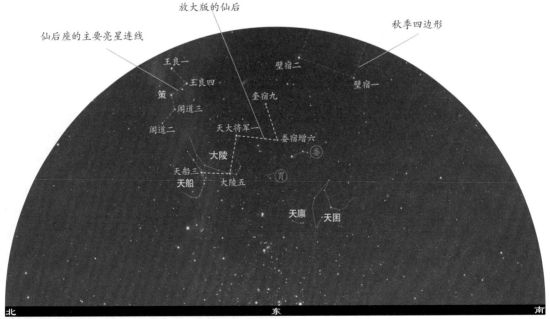

北纬 35 度地区 11 月中 20 点左右的东方天空

胃宿——天上仓库群

"胃"的本意是指动物的胃，出现在西方七宿，我们可以认为它代表的就是白虎的胃。老虎吃进去的食物需要在胃中进行储存和消化，古人便进一步将其推广到负责粮食的储存。这样胃就成了天库或仓廪，负责收纳五谷。

大概仅有胃一个仓库还不足以存放星空帝国中的所有粮草，所以古人在胃宿附近还设立了4个不同形制的仓库：第一个仓库称为天仓，样子四方周正，存放各类谷物；第二个仓库称为天囷，外形呈圆柱状，如同粮囤，主要储存供皇室享用的御粮；第三个仓库称为天廪，样子也是方方正正，负责存放供祭祀使用的米粮，同时可能还存放一些草料杂物；第四个仓库称为天庾，是没有四壁的露天谷物堆场。

大陵——众星看生死

胃宿的正北方有大陵八星。顾名思义，大陵就是大的陵墓，只有天子或诸侯王才有资格修建大型的陵墓，所以星占中大陵用以占卜天子或诸侯王的死丧。大陵中有积尸一星，也与死亡有关，它用于占测死亡人数的多少，如果积尸星变亮，预示着死尸将堆积如山。但积尸并非变星，不可能有变亮的现象。

大陵八星并不明亮，位置也无特殊之处，唯一让人关注的是大陵五。这是一颗著名的变星，有的民族可能早就发现了它有忽明忽暗的变化，如古希腊神话中它被当作蛇发女妖美杜莎的眼睛，阿拉伯人则认为它是眨眼的魔鬼。中国古人是否也注意到了这一点，目前还没有令人信服的证据。与西方人"天体完美不变"的传统观点相反，中国古人认为所有的恒星都会有亮度、颜色、位置等变化，它们通过这些变化向世人传递上天的意志。所以即使古人注意到了大陵五的光变，也不会作为特殊事例去专门研究。另外，古人星占是依据天体的异常变化进行的，一旦古人发现大陵五的光变是规律性的常态，那么这种变化就不能说明什么了，难道会有人相信不到3天就会有一位君主死亡吗？

中西对照

鲸鱼座（Cetus）是受海神波塞冬派遣的海怪，前来吞食被锁在海岸岩石上的安德洛墨达（Andromeda）公主。关键时刻珀修斯赶到，用美杜莎的头将海怪变成了石头，救下了公主。天囷、天仓两个仓库均位于鲸鱼座中，天廪也紧邻鲸鱼座，天庾稍远，但也位于和鲸鱼座相邻的天炉座中。

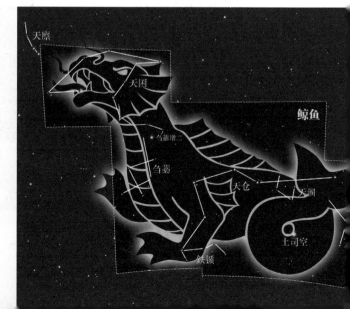

中西对照

天船、大陵、卷舌等星官都位于西方的英仙座（Perseus），这位英仙就是杀死鲸鱼怪并拯救了安德洛墨达公主的大英雄珀修斯。大陵五即英仙座 β 星，它的西方专名为 Algol，意思是"恶魔之星"。在希腊神话中，它代表被珀修斯砍下的蛇发女妖美杜莎头上的罪恶之眼，它的目光会将所有看到它的人变成石头。希伯来人则认为它代表魔鬼撒旦的头或是夜晚的吸血鬼。

食变星

大陵五是人类最早认识的变星之一，它每 2.87 天就会发生一次显著的光度变化，星等由 2.1 等降至 3.4 等。第一个正确解释这颗星变光机制的是 18 岁的英国聋哑青年古德利克（John Goodricke）。他在 1783 年 5 月将研究成果提交给英国皇家学会，认为大陵五周期性的变化是有个黑暗物体通过其前方造成的。

实际上大陵五是由两颗星组成的双星系统，这两颗星相互绕转，主星较亮，伴星较暗。当伴星转到主星前面挡住主星的部分星光时，我们就会看到大陵五变暗了；当伴星被主星遮挡时，大陵五的亮度也会降低。天文学上将这类两颗星互相掩食造成光度衰减的变星称为食变星或食双星。

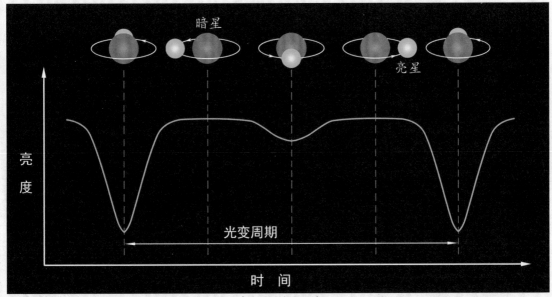

食变星的光变规律

昴

卷舌 卷曲的舌头

天谗 陷害诽谤的谗言

磨刀石 砺石

天阿 天上的大山

月亮的精华 月 昴 天阴 黄道之北，天的阴面

刍藁增

供牛马食用的草料 刍藁

饲养牛马等的苑圃 天苑

昴

砺石舌旁斜四丁
舌中黑点天逸星
河里六星名卷舌
营南十六天苑形
阴下六乌刍藁营
阿下五黄天阴名
阿西月东各一星
七星一聚实不少

寻找昴宿——寒冬夜空星一簇

公历岁末年初，璀璨的明星悉数登场，在天穹的舞台上争奇斗艳。此时我们要寻找的星官虽不是什么亮星，但堪称星空舞台剧中最美丽的角色之一。如果你对冬季的亮星有所了解，不妨顺着猎户座"腰带"三星的连线一直向西北寻找，或者沿着参宿四与毕宿五的连线再向西延长大约三分之二，在那里隐约可以看到一个似星非星、如云似雾的天体，再仔细分辨就能看出那其实是六七颗星挤在一起，形成密密麻麻的一团。在双筒望远镜的视野里，可见十几颗星簇拥在一起，好似一群身着纱衣的曼妙仙子在夜空中翩翩起舞。这就是我们要找的"昴"，今天的天文爱好者更喜欢称之为"昴星团"。

在昴宿统辖的星官中，除了昴星团之外还有天阿（ē）、月、天阴、刍藁（gǎo）、天苑、卷舌、天逸、砺石等 8 个星官。天苑 16 星，组成长长的篱笆状，是天子的苑囿，圈养着众多牛羊，也许还有一些地上没有的奇珍异兽吧。卷舌六星，大概因其形状像卷曲的舌头而得名，卷舌内还有天逸一星，看来卷舌说的多是些挑拨离间的逸言。

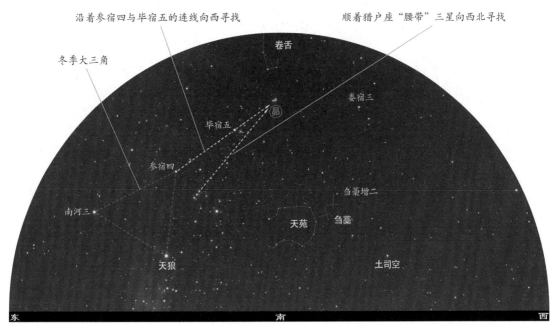

北纬 40 度地区 1 月中 20 点左右的南方天空

昴星团——美丽的七姊妹

昴星团的独特和美丽，到了让人过目不忘、人见人爱的程度，也使它成为人们最早认识的天体之一。《尚书·尧典》中就有"日短星昴，以正仲冬"的句子，意思是日落后看到昴宿出现在南天正中，就到了冬至时节。《诗经》曰："嘒（huì）彼小星，维参与昴。"民间还流传着很多与昴宿相关的神话故事，如一些地方称昴宿为"姑儿星"，将其视为七个姊妹，因为一般人只能看到 6 颗星，所以故事里常说，最小的幺妹怕差躲起来了，或者是被月亮什么的带走了。后来董永与七仙女的故事广为流传，人们又将昴宿七星附会为七仙女，因为小七下凡与董永成亲，所以人们只能看到 6 颗星了。无独有偶，西方文化中也一直称昴宿为"七姊妹"（Pleiades）。希腊神话中，这七姊妹是擎天巨神阿特拉斯（Atlas）和大洋神女普勒俄涅（Pleone）的女儿，她们一直在被鲁莽的猎人奥里翁（猎户座）所追赶而整日惊魂不定。

除了美丽的七姊妹外，因为昴宿由一堆小星聚集而成，乍看起来雾气昭昭一团，难以分辨，因此中国古代亦称昴为"留"，有簇拥、团聚之意。如果实多子而团聚的叫作榴，因病变气血留结而生的肿物称为瘤。民间则有"冬瓜子星""七簇星"等叫法，表达的也是相同的含义。世界各地对于昴宿的看法也很类似：古希腊人认为昴宿是一串葡萄；法国民间称之为"母羊和一群小羊羔"；英国人认为这是一个鸡窝；阿拉伯人叫它"一团乱麻"；印度人认为这是一个锯齿密集的剃刀……现今，天文学已经明确告诉我们，昴宿是一个非常年轻且距离我们并不遥远的疏散星团，那里实际聚集着四五百颗星。除了肉眼可见的那六七颗外，其他成员光辉黯淡，又被毛毛茸茸的纤维状气体缠裹着难以分辨，难怪各民族都以"一堆"或者"乱七八糟"来描述它。

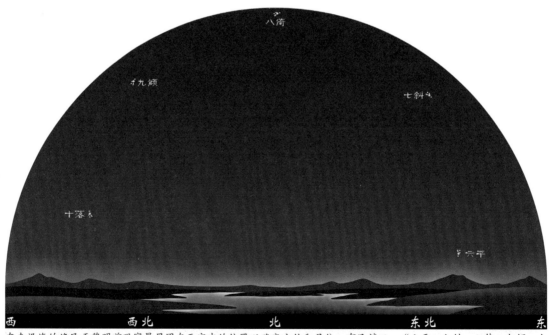

东南沿海的渔民于黎明前观察昴星团在天空中的位置以确定方位和月份，有民谚曰："六平、七斜、八倚、九倾、十落。"意思是说，农历六月黎明前，昴星团升于东方海面上，七月斜挂于东北天空，八月位于天顶正中，九月向西北方倾斜，十月落向西方海面。

昴星团（张超 摄）

髦头——胡人之星

中国传统的星官体系一向与浪漫的故事无缘，却从来不缺少战争的火药味。在正统的星占著作中，美丽的七仙女变成了"髦头"或"旄头"，《史记·天官书》说："昴曰髦头，胡星也。"这大概是因为古人认为这个星座毛茸茸的，像一簇纷乱的毛发，于是叫这个星座为"髦头"，并由此联想到胡子拉碴、披头散发的胡人。每当星占术士看到这个星官明亮跳动，便认为胡人要进犯中原了，以至于后来诗人们提起与胡人作战时，每每也会想起它，于是为我们留下了"安得羿善射，一箭落髦头"和"辽东老将鬓成雪，犹向旄头夜夜看"等诗句。

星团

所谓星团就是受引力作用而聚集在一起的一群恒星。由几万到几十万颗恒星组成、整体呈球形的星团称为球状星团。由于星团中央的恒星非常密集，连目前的大型望远镜也无法将它们分开。球状星团是一类古老的天体，可以为恒星形成和演化的研究提供重要的线索。最亮、最大、肉眼可见的球状星团是奥米茄星团，因曾被当作半人马座中的一颗恒星，编号为 ω，故得名。这个星团包含 100 万颗以上的恒星，亮度达到 3.7 等。奥米茄星团位于库楼星官的南部，纬度偏南，所以并没有引起中国古代天文学家的注意。

奥米茄星团

由十几颗到几千颗恒星组成的结构松散、形状不规则的星团称为疏散星团。相对于球状星团，疏散星团是比较年轻、松散的恒星聚集体，常见于恒星形成活跃的区域，引力联系较弱，一般只有数百万年历史，比地球上的岩石还要年轻。用望远镜甚至肉眼就能将其成员星一颗颗地区分开来。肉眼可见的疏散星团包括昴星团、毕星团、鬼星团和被称为"鱼"的 M7。它们很早就为古人所知悉，并成为星占家关注的对象。

长平之战于公元前262年4月打响，至公元前260年9月结束。公元前261年3月21日前后，金星与昴宿相距很近，但并没有出现掩食现象。战争结束后的公元前259年3月间，金星再次与昴宿接近，但这一次距离相对较远，更不可能发生掩食；倒是3月1日，月亮出现在昴宿近旁，一些地方可能看到月掩昴宿的天象。本图描绘的是公元前259年3月12日傍晚长平地区的西方星空。

太白蚀昴——大将白起之死

与昴宿相关的故事中，最有名的当属太白蚀昴的典故。战国时期，秦国兴兵伐赵，大将白起领命出征，于长平一战射杀了只会纸上谈兵的赵军主帅赵括，坑杀赵军40万。正当白起准备乘胜追击、一举消灭赵国之时，出现了太白星（金星）侵入昴宿的天象。对于这一天象，秦国朝中有两派观点，一派依据正统的星占理论认为，太白是天之将军，主秦国，昴是赵国的分野，金星犯昴是上天助秦灭赵的信号。另一派则辩称，天之将军出现在赵国的分野，预示天将军助赵，对秦军不利，应该撤兵。同一个天象，能够做出两种截然相反的预测，星占术的左右逢源可见一斑。此时秦王顾虑的不是能否灭赵，而是惧怕白起功高震主，思来想去，最后顺从了讲和撤兵的意见，然后又找茬杀了白起。中国历史上利用天象借刀杀人的事情不少，白起就死在了这个"太白蚀昴"上。

昴日鸡——毒虫的克星

昴宿在道教文化中是一只鸡，名为昴日鸡。《西游记》里，孙悟空与猪八戒两次联手也未能斗败蝎子精，后经观音菩萨指点，从光明宫搬来昴日星官相助。琵琶洞前星官现出本相，原来是一只双冠子大公鸡，昂起头来，有六七尺高，对着蝎子精一声叫，那怪即现了原形，是只琵琶大小的蝎子。星官再叫一声，那怪浑身酥软倒地而死。后来在黄花观，毗蓝婆菩萨用昴日鸡眼中炼出的绣花针，一针便破了蜈蚣精的法术。这真是一物降一物，能打败孙猴子的蝎子、蜈蚣，在昴日鸡面前却不堪一击，看来这个星官堪称毒虫的克星。

刍藁增二——失落之星？

在胃宿以南，天囷、天仓、天苑三个大星官之间，有一个名为刍藁的星官。刍藁二字比较生僻，但含义很明确，就是喂牲口的草料。刍藁附近有一颗非常著名的变星，中国传统星图中似乎没有它的位置，清代传教士主持对星官进行增补时将它补充了进来，并命名为刍藁增二。这颗星的特点是亮度变化极大且缓慢、不规则，最亮的时候可以达到 2 等，而最暗的时候仅为 10 等，肉眼看去消失不见。与之类似的变星现在称之为刍藁型变星，西方叫作米拉变星，这来自于刍藁增二的西方专名 mira，意思是"奇妙"。

大陵五很早就被人们注意到了（不管古人是否知道它是变星，反正它早就被编入星表、画进星图了），但米拉变星直到 17 世纪才被西方人确认。刍藁增二光变显著，最亮时可达 2 等，周围又没有什么亮星，在一向以完整细致著称的中国古代观测记录中也找不到此星，有些不可思议。即便最初古人没有注意到它，但当它由肉眼不可见变为可见、亮度逐渐增大时，难道不会被当作客星吗？

一种可能的解释是，古人很早就发现了它，并将它画入了星图，因此才不会将它当作客星误报。问题出在了明清时期对中国星官的证认上，传教士们在米拉变星被西方人发现后，想当然地认为中国人也一定不知道它的存在，所以给了它一个"刍藁增二"的名字。从现在对宋代恒星观测资料的分析和研究看，刍藁星官原本的位置要比清代确定的更靠南些，刍藁增二更靠近天囷，有可能是天囷十三星中的一颗。

古代有关昴宿的诗词	众鸡鸣而愁予兮 起视月之精光 观众星之行列兮 毕昴出於东方 ——（汉）司马相如《长门赋》
	星昴殷冬献吉日 天桃秾李遥相匹 ——（唐）张说《安乐郡主花烛行》
	君王按剑望边色 旄头已落胡天空 ——（唐）李白《送族弟绾从军安西》
	青海阵云匝 黑山兵气冲 战酣太白高 战罢旄头空 ——（唐）高适《塞下曲》
	大昴分光降斗牛 兴唐宗社作诸侯 ——（唐）罗隐《钱尚父生日》
	昴星人杰当王佐 黄石仙翁识帝师 ——（唐）徐夤《尚书荣拜》
	昴星下天扶汉德 长庚乃向开元谪 ——（宋）邓肃《聚星行》
	勿惊昴宿下天来 果向明时作人杰 ——（宋）吴芾《吕丞相生日》
	煌煌昴宿正开冬 日驭高躔龙尾宫 贾说须知应天策 留萧暂委守关中 ——（宋）李刘《庆桂帅经略》

咸池 养鱼的池塘

柱 战车上的旗杆

毕

柱

五车

天潢 积水池

五帝的停车场或
古代的五种兵车

柱

诸王 皇室中的多位王爷

天关 天上的重要关口

天街 天上的街道，也是中外边境

毕

天高 观测云气天象的高台

附耳 贴在耳边说话

天节 使臣所持的符节

参旗 天子的旗帜或天上的弓弩

九州殊口 翻译官

九斿 旌旗下的九条饰带，象征天子之旗

毕

恰似丫叉八星出
附耳毕股一星光
天街两星毕背旁
天节耳下八乌幢
毕上横列六诸王
节下团圆九州城
王下四皂天高星
毕口斜对五车口
车有三柱任纵横
车中五个天潢精
潢畔咸池三黑星
天关一星车脚边
参旗九个参车间
旗下直建九斿连
斿下十三乌天园
九斿天园参脚边

寻找毕宿——谁持毕网舞天际

寒冷的冬夜里，我们能很容易地在头顶上方找到一个由 5 颗星组成的五边形。这 5 颗星中最亮的一颗叫五车二，其亮度可与织女星相媲美。由这五颗星向西南寻找，便会看到一颗橙黄色的亮星，这就是著名的毕宿五，它是西方所谓黄道四天王之一。毕宿五周围密密散落着一群小星，它们和毕宿五一起构成一个"Y"字形，中国古人认为它们像一种用来捕兔、捕鸟的小网眼而长柄的工具——毕，因此有了毕星之名。西安交大汉墓星图中，毕宿就作手持毕网捕兔状。在星占中毕宿被看作一辆罕车，这种车主要用于狩猎，估计也可用于战争，所以毕宿主要司职捉兔子之类狩猎的事和边境地区的战事。

附耳一星在毕宿五旁，是毕的附座，从字面理解就是贴着耳朵说话，这很容易让人联想到昴宿中的卷舌和天谗。附耳和毕星中的众多小星基本属于一个疏散星团，现在人们称之为毕星团。《步天歌》中归属毕宿星组的除毕、附耳和五车外，还有天街、天节、诸王、天高、九州殊口、柱、天潢、咸池、天关、参旗、九斿（liú）、天园等诸多星官。

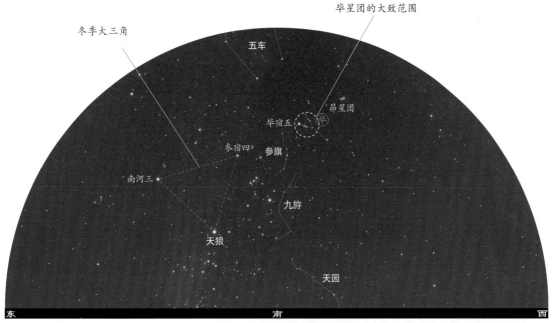

北纬 40 度地区 2 月初 20 点左右的南方天空

月离于毕——上古时期的雨师

诸葛亮与司马懿这对宿敌的智斗,贯穿了《三国演义》的后半部分。一次,司马懿与曹真兵犯西蜀。诸葛亮夜观天象,发现月亮运行到毕宿附近,料定必有连日大雨,于是仅派一千士兵去抵御四十万魏兵。司马懿也注意到了月亮进入毕宿,没有急于进兵,将部队驻扎在陈仓城中,但司马懿没有料到大雨一连下了三十天,陈仓城中平地水深三尺,最后只得退兵。为什么诸葛亮与司马懿看到月亮经过毕宿就知道要下大雨了呢?

雨师神像

原来,古人在以箕星为风伯的同时,以毕星为雨师。东汉蔡邕(yōng)说:"雨师神,毕星也,其象在天,能兴雨。"这里面的缘由要追溯到《诗经·小雅·渐渐之石》"月离于毕,俾(bǐ)滂沱兮",其大意是"月亮靠近毕宿,就会有滂沱大雨"。然而月亮每个月都会经过毕宿,岂不是月月都有一场大雨?如果真是这样,天气预报就太容易了。对于这一问题,还没有令人满意的答案。竺可桢先生认为月离于毕的"离"作"丽"讲,是指满月,上古时期满月出现在毕宿附近正值处暑前后,恰为多雨时节。不过这个上古要早到 6000 年前,远早于《诗经》的年代。

其实,不只是中国人,西方人也将毕星团和降雨联系起来。巴比伦人称毕宿为天牛,是降雨之星。埃及人则总结出,当毕星团与太阳同时升起时,雨季就开始了。古希腊人认为毕星团也是七姊妹,并且与昴星七姊妹同父异母,她们因哥哥被野猪所害而痛苦不已,眼泪变成了连绵不断的雨水。古罗马人认为毕宿会导致阴雨连绵、满地泥泞,而猪喜欢在泥地里打滚,所以称毕宿为"小猪"。正是由于东西方都将毕星团和降雨联系起来,因此有人认为中国古代天文学曾受到来自西方的影响。

中西对照

金牛座(Taurus)是宙斯的化身,宙斯为了占有美丽的欧罗巴(Europa)公主,变成一头大白牛,将欧罗巴劫持到今天的欧洲大陆。毕宿五是这个星座中最亮的星,它的西方专名为 Aldebaran,意思是"追随者",因为它总是紧随着昴星团,在昴星团之后升起。五车五是金牛座的第二亮星,它的专名为 Elnath,意思是"头抵撞者",它和天关分别代表牛的两只犄角。

毕宿 Y 字形的样子，让人们产生很多联想，比如黎族和鄂伦春族都将它看作一个猪头，但在西方星座中这组星被划入金牛座，代表金牛的头部。

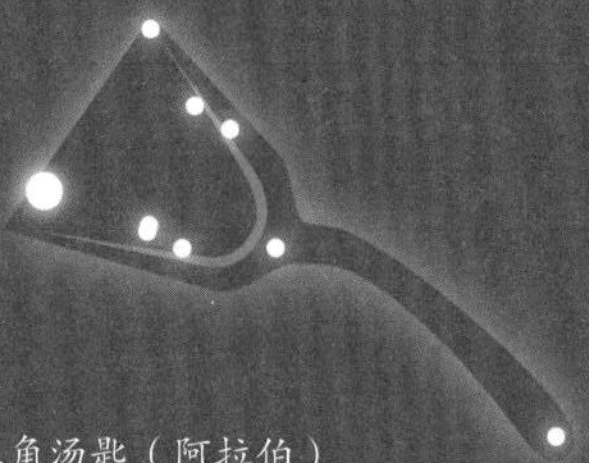

三角汤匙（阿拉伯）

火把（西班牙）

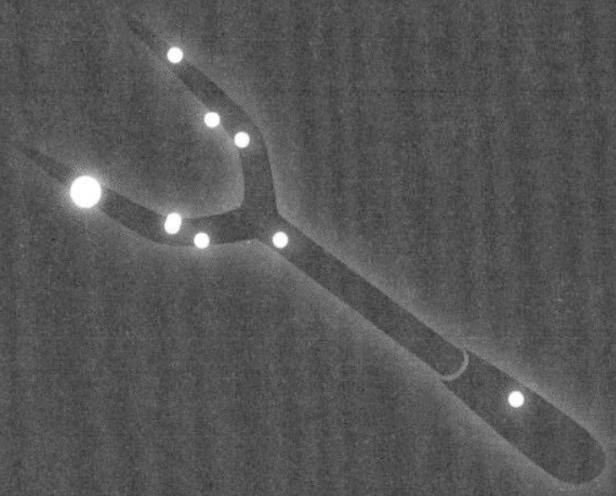

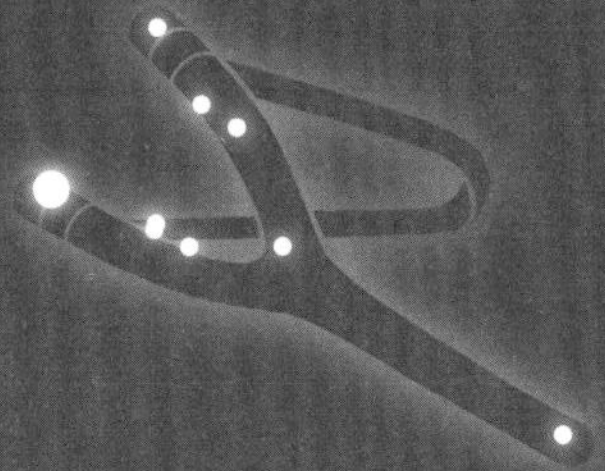

弹弓（日本）

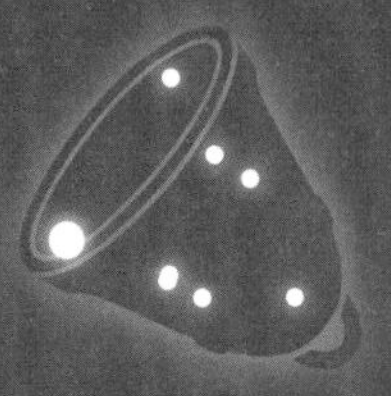

吊钟（广东民间 日本）

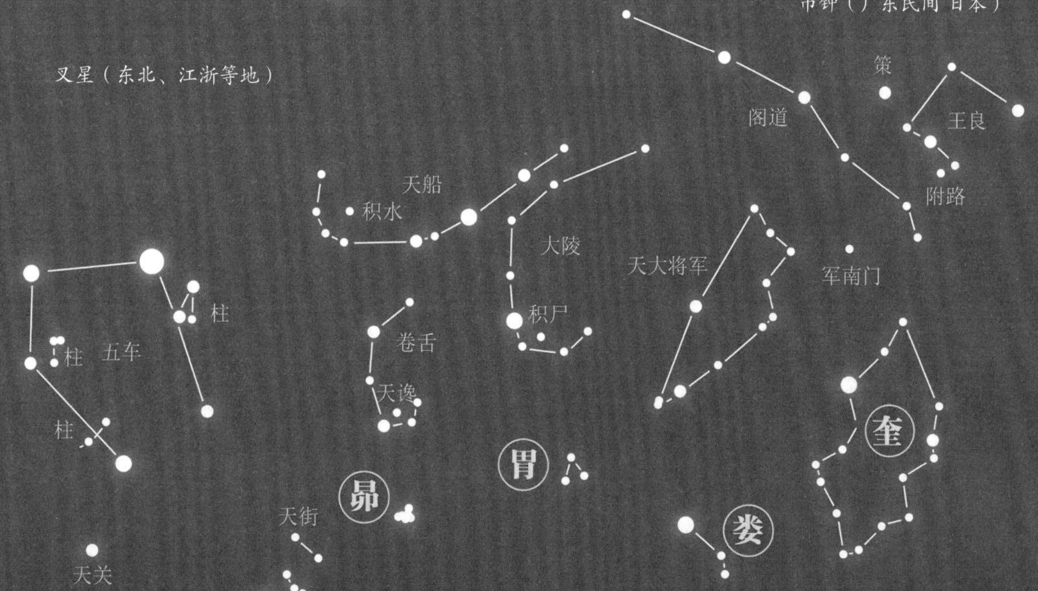

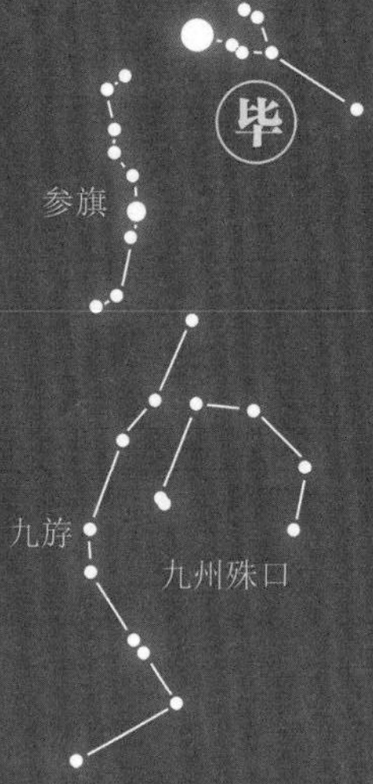

叉星（东北、江浙等地）

策

王良

阁道

附路

天船

积水

大陵

天大将军

军南门

积尸

卷舌

天谗

奎

Ⅰ柱

柱　五车

柱

娄

胃

昴

天街

天关

毕

参旗

九斿

九州殊口

昴毕之间—胡汉交兵古战场

　　西方七宿中有很多与战争相关的星座，这些星座构成了中国星空中的西北战场。天大将军是这个战场的最高统帅，接到出征命令后，即由王良驾车，沿阁道，至奎宿军营（奎"主库兵"，是一个长期驻军的兵营），率领大军出军南门，分乘兵车、天船水陆并进，向着西方战场挺进。昴、毕之间为天街，是天空中汉、胡的分界线，大战就在这里展开。昴代表敌对的胡人一方，毕（为罕车）是一辆重型战车，五车（主轻车）为轻型战车，是我方的主要战斗部队。参宿七将军负责指挥作战，而从战场上飘扬的旗帜（参旗、九斿）判断，天子或诸侯王已亲临前线督战。

五车——五帝的御用车场

毕宿北边那五颗亮星组成的五边形也是一个著名的星官，叫作五车，据说是东、西、南、北、中五方上帝的御用停车场。但也有学者认为五车代表的是古代的五种兵车，即戎车、广车、阙车、苹车、轻车。不知什么时候五车五星和五谷的丰歉也联系了起来，一些星占书籍中甚至给出了每颗星对应的具体作物：西北大星（五车二）掌管豆类，东北星（五车三）掌管水稻，东南星（五车四）掌管麻，正南星（五车五）负责小米，西北星（五车一）负责麦子。

五车周围还有三组共9颗柱星，它们代表战车上的旗杆，用来占卜战争中出动兵力的多寡。据说如果三组柱星均消失不见，则预示着天下兵马尽出和皇帝御驾亲征。

五车内还有天潢和咸池两个星官。天潢是天上的积水池，在这里不妨理解为五帝车舍前的洗车马池。咸池是一个养鱼池，也是传说中的太阳沐浴之处。

波江座（Eridanus）之名源于意大利北部的波河。这是一个历史悠久的巨大星座，但在中国，要到长江以南才能勉强一窥它的全貌。这条河的中游大致对应天苑诸星，而下游则基本与天园重叠。

中西对照

在古典星图中御夫座（Auriga）是一副牧羊人的打扮，怀抱着一大两小三只山羊。据说其中的大羊曾哺育过宙斯，五车二的专名为"Capella"，意思就是母山羊。不过在古希腊神话中，御夫座代表驾驭着四马战车自由驰骋的雅典国王厄里克托尼奥斯（Erichthonius）。也许他手中的皮鞭还能透露出他的御者身份，不过谁又能保证它不被理解为牧羊的皮鞭呢？

天关客星——纵横古今一螃蟹

哈勃空间望远镜拍摄的 M1 蟹状星云

天关一星在五车南面不远处，紧邻黄道的位置，是日、月、五行运行的必经之处，古人因此在这里设置了"天关"这座关卡。1054 年 7 月 4 日清晨，北宋司天监负责天文观测的大小官员们都被刚刚从东方地平线上升起的一颗星惊呆了，这颗前所未见的星异常明亮，守在天关星旁一动不动，这分明是一颗客星。这颗客星越来越亮，很快超过了金星，连续 23 个白天都能看见，后来才慢慢变暗，约近两年后才消失不见，这就是著名的"天关客星"。

48 年前，周伯星出现时，有一位周克明声称是祥瑞之兆。这一次又有一位曾长期在司天监担任要职的"离休干部"杨维德跳了出来，他认为，客星微有光彩，为黄色，是国家有大贤的征兆，因此请求让百官称贺。宋仁宗大喜，于是朝野上下交口称颂，好一派太平盛世。但这一次，问题同样出在颜色上，《宋会要》称客星"芒角四出，色赤白。"

天关客星的故事并没有随着它的消失而结束，1758 年，著名的彗星猎手——法国人梅西耶（Charies Messier）在这个区域发现一团云雾状的天体，起初他认为这是一颗彗星，但很快发现这个天体完全没有移动。正是这个天体的发现促使他开始编纂一部星云表，以便人们不至于将此类天体误认为彗星。于是这个天体被他列入梅西耶星表中老大的位置，后来被称为 M1。因为它张牙舞爪的样子，人们又昵称它为蟹状星云。

1921 年，天文学家在比较相差多年拍摄的蟹状星云照片时，发现这个星云正在膨胀，而膨胀的始点大约是 900 年前。这时有人想到了中国文献中关于 1054 年天关客星的记录，并证明这个星云就是那颗超新星爆发的产物。1968 年，人们又在该星云中发现了一颗脉冲星。对蟹状星云的研究一直是当代天体物理学研究的热点之一，而中国古人的观测记录再一次为世界提供了重要的第一手资料。

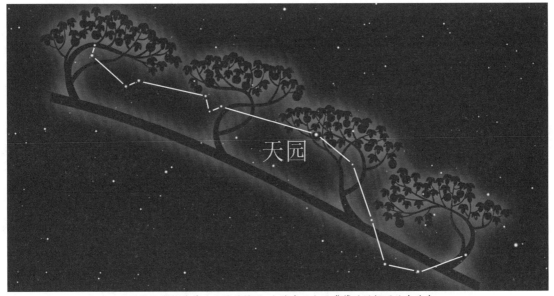

天园是天上的蔬菜及瓜果种植园，也许齐天大圣掌管的蟠桃园就在其中。

觜

座旗
标明尊卑位次的旗帜

司怪 掌管天象预兆及山妖精怪的神

觜

四鸦大近井钺前
司怪曲立座旗边
尊卑之位九相连
觜上座旗直指天
三星相近作参蕊

寻找觜宿——白虎脑门三颗星

冬季群星璀璨，但我们的任务是要在闪烁的亮星中寻找一个很小很暗淡却又不可或缺的星宿——觜（zī）宿。要寻找觜宿，我们首先要找到排列成一条直线、间距相等、亮度和颜色几乎相同的 3 颗星，这就是古人所说的"三星"。在三星上方左右两侧各有一颗亮星，它们一红一蓝，非常显眼；在这两颗星中间靠上一点，有 3 颗靠得很近的星，那便是觜宿了。在司马迁看来，觜宿代表的是西方白虎的脑袋，而在希腊星座中这 3 颗星则是猎户奥利翁的头颅。

觜不仅本身非常迷你，其统辖的星官除了觜之外也只有两个，其一为座旗九星，表明君臣会议中的座次；其二为司怪四星，是预测日月星辰天象变化以及鸟兽草木之类妖怪活动的神灵。

觜宿——押粮运草官

觜字的含义众说纷纭，有人认为是指猫头鹰头上像角一样的羽毛，也有人认为是鸟嘴的意思，还有人根据觜宿古称觜觿（xī），认为是一种大龟。在古代星占中，觜三星"主葆旅事"。何为葆旅？其实就是一种野生禾本科植物，有人认为是野生稻，也有人说是茭白籽。所谓"兵马未动，粮草先行"，觜宿的星占意义就在于行军打仗中的后勤保障。

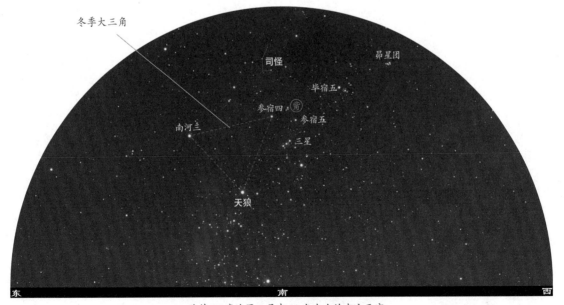

北纬 35 度地区 2 月中 20 点左右的南方天空

参

杀伐，象征统兵的武将

伐

玉井 民间使用的水井

军井 专供军队使用的井

屏 遮蔽厕所的屏障

天上的厕所 厕

屎 厕所里的排泄物

参

总有七星觜相侵
两肩双足三为心
伐有三星足里深
玉井四星右足阴
屏星两扇井南襟
军井四星屏上吟
左足下四天厕临
厕下一物天屎沉

寻找参宿——参伐熠熠耀冬夜

　　冬季群星璀璨，入夜后向正南方望去，我们可以在天空正中找到排列在一条直线上的三颗星，这三颗星间距相等、亮度相同，而且都闪烁着青蓝色的光芒，我们不妨直接称呼它们为"三星"。而三星之外，4 颗亮星撑起四个角，其左上角为参宿四，右下角为参宿七，都是全天排名前十的亮星。这 7 颗星组成的星官，就是大名鼎鼎的参宿了。即便是在光污染最严重的城市，我们也有机会看到它威武雄壮的身影。在三星之下，还有 3 颗小星排成一列，名叫伐，是参星的附座，所以参星也称参伐。

　　《步天歌》中划归参宿管辖的星官，除了参伐之外，还有玉井四星、军井四星、屏两星、天厕四星和天屎一星。

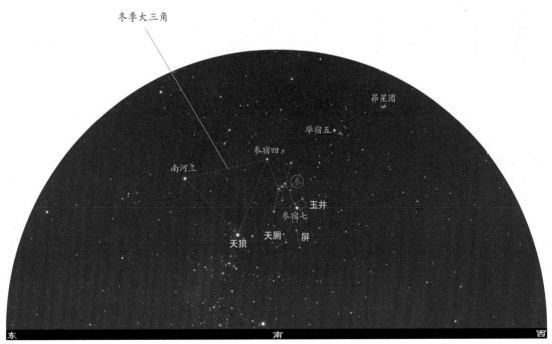

北纬 35 度地区 2 月中 20 点左右的南方天空

三星在天——参宿名称的由来

《诗经·唐风·绸缪》中有这样的句子："绸缪束薪，三星在天"；"绸缪束刍，三星在隅"；"绸缪束楚，三星在户"。这里的三星便是参宿中间的3颗星。在这首诗中，作者用三星在天空中的不同位置来表示时间的推移。"三星在天"为参宿从东方刚刚升起，"三星在隅"为参宿位于东南天空一隅，"三星在户"是参宿升到南天正中正对门户之意。所谓的"参"，其实就是"叁"，古时这两个字是相通的，只是现在二十八宿中的这个字我们都读作 shēn，它的范围也由原本的3颗星扩大到了7颗。

除夕之夜，在迎春的鞭炮声中举目南望，此时参宿三星恰好升到正南方的最高处，这就是民谚所说的"三星高照，新年来到"。民间称这三星为福、禄、寿三星，蕴含着"幸福美满、吉祥富贵、健康长寿"的美好祝福。其实参宿三星与福禄寿三星本来没有任何瓜葛，只因古时天文星占为官方垄断，民间百姓的星官知识有限，人们以讹传讹，误将参宿三星当成了福禄寿三星，正如中古以后拜"奎星"的文人比拜"魁星"还多一样。

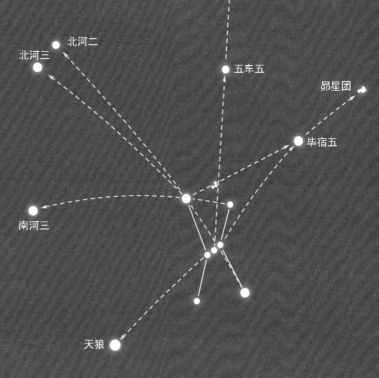

参宿诸星不但璀璨夺目，而且堪称冬季星空中的路标。参照图中的方法，我们可以很容易地找到冬夜里那些最重要和最迷人的天体。比如，顺着参宿三星的连线向东南方寻找，我们能找到全天除太阳外最亮的恒星天狼星。而在相反的方向，我们能发现黄道天王毕宿五和美丽的昴星团。

五车二

北河二
北河三

五车五

昴星团

毕宿五

南河三

天狼

不同民族对星座的划分常有很大的差异，但在面对参宿诸星时，大家却表现出惊人的相似。然而对于同样的恒星，不同的文化背景、不同生存方式的民族，却为我们带来了完全不同的解读。

毕宿五

巴西波洛洛人将它们想象成一只巨龟。

日本人将它们看作艺伎使用的手鼓，称为鼓星。

澳大利亚的土著民族将参宿三星看作三个划独木舟的人，参宿四和参宿七分别代表独木舟的首和尾，伐三星是钓鱼线钩着的一条鱼。

古埃及人认为这些星是冥界之王俄塞里斯的化身。

我国东北民间则视之为一座七星灶台，觜宿是架在灶台上的一口锅，猎户座大星云恰似熊熊燃烧的炉火。

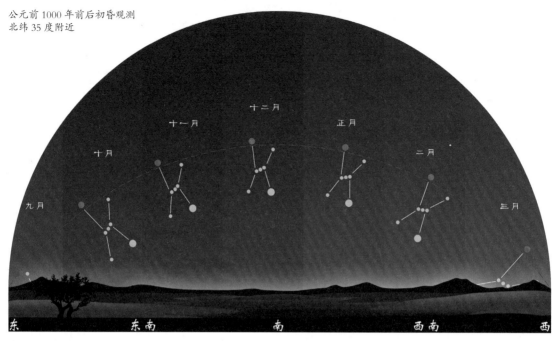

参星是三大辰之一，为晋人主祀之星，也是他们观象授时的主星。西周初年黄河流域，参星于每年秋分的初昏缓缓升起，春分后隐没，农历岁末时则位于南天正中附近。

参辰——晋人的守护神

　　春秋年间，晋平公染病不起，众医官束手无策。平公寄希望于占卜，但占卜师语焉不详，只说是实沈、台骀（dài）作祟，晋国史官却不知实沈、台骀是何方神圣。这时郑国派使臣公孙侨（字子产）来探望，子产告诉晋臣叔向，台骀是汾水之神，实沈是参星之神——上古时期，高辛氏帝喾，将四儿子实沈迁居到大夏（后来晋国所在之地），实沈通过观测参宿制定历法，被大夏子民奉为神灵。后来参宿就成了晋国之星，实沈也便成了晋国的守护神。可这两位神仙因何惩罚晋平公呢？子产解释道，王室有规矩：君主不能有同姓妻妾，而晋平公身边有四位同姓的妾，因此惹病上身。叔向听了觉得有理，转告了晋平公。平公听了连连点头，称赞子产博学。

在前面的章节中我们已经介绍过"参商不相见"的典故。因为参宿与心宿在天球上的位置相差近 180 度，所以每当春季的初昏，心宿从东方升起时，参宿正向西方下落；而秋季参宿即将升起时，心宿已悄悄消失在西方的地平线下。

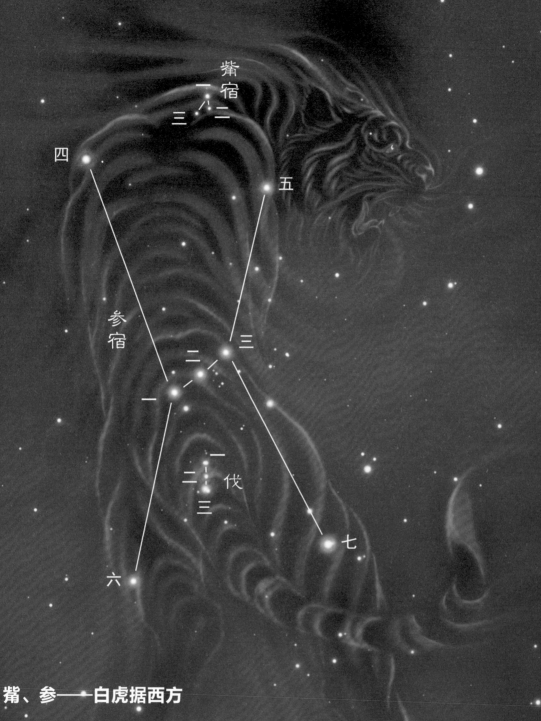

觜、参——白虎据西方

  西方七宿为白虎之象。一种观点认为：奎为虎尾，娄、胃、昴、毕为虎身，觜为虎头，参为虎爪。但从七宿的形状上，无论如何也想象不出老虎的样子，这是因为正宗的老虎是觜宿和参宿的合体。《史记·天官书》说："参为白虎，觜为虎首。"从整体上看，参宿细腰宽肩的形态恰似猛虎的身躯，参宿四、五为两条前腿，参宿六、七为两条后腿，觜宿则刚好位于虎头的位置，伐三星算是虎尾，这样，一只威猛的老虎便赫然显现于夜空了。西方在五行思想中对应白色，所以这只老虎也就成了白虎。

参旗

觜宿

参宿

伐

白虎星——战神之星

老虎很容易和打斗、厮杀之类的事联系起来，因此参宿的星占意义也就离不开军事、战争等内容。星占家们甚至将参宿七星对应为 7 位将军：中央三星为 3 位大将军，参宿四为左将军，参宿五为右将军，参宿六为后将军，参宿七为偏将军。七星明亮，则兵精将勇。参宿的这种星占含义对民间文艺创作产生了重大影响，旧时演义小说中经常将那些能征惯战的武将说成是白虎星下凡。比较著名的是所谓"白虎三投唐"的故事，故事中罗成、薛仁贵、郭子仪都被说成是白虎星投胎转世，从隋末唐初到安史之乱，辅佐唐王建功立业。与之相对的还有"青龙四转世"的故事，青龙星与白虎星几世恩怨，缠斗不休，这种青龙与白虎的争斗又颇有些"参商不相见"的影子。

伐——镶满宝石的杀伐之剑

在参宿三星之下，是一丛朦朦胧胧的小星。在西方的猎户座中，这些小星是猎户佩戴在腰间的宝剑；而在东方传统中，这组小星被称为——伐，主征战之事，也可以视为宝剑之类的武器。后来人们利用各种天体照相术发现，这伐星之上还确实镶满了宝物：最大的一颗是红宝石叫作 M42 发射星云，离它不远处是一颗蓝色宝石 NGC1977 反射星云，最北端还有一个众多小蓝宝石会聚而成的宝石集团 NGC1981 疏散星团。看来伐星被冠以"宝"剑的名号绝对算是实至名归了。

张超摄

在西方，猎户座（Orion）有"星座之王"的美誉，古埃及人认为它是冥王俄塞里斯的象征。吉萨高原上3座最大的金字塔，据说就是比照猎户座三星进行修建的。希腊神话中这位左手持狮皮盾牌，右手高举木棒，正在迎击金牛的伟大猎人是海神波塞冬的儿子，误被恋人月亮女神阿耳忒弥斯射死，后来宙斯将他提升到天界，永远陪伴他心爱的姑娘。而猎户脚下的天兔座（Lepus），则是他追赶的猎物。

井与厕——天上的用水与卫生

参宿之中星官众多，除了参伐之外，还有均由四颗星组成的两口井——军井和玉井。军井是军营中的水井，供行军之用；玉井则是厨房旁边的水井，供煮饭做菜之用。另外玉井还有一个功用，因为它围绕着参宿七，所以也被认为是为白虎设置的一口陷阱，将一只虎足陷入其中，以免这只猛虎随意发威。

在参星的下方还有三个星官，构成一组中国古代的卫生设施。它们是厕四星，一颗屎星，还有厕所前的屏障，用来遮蔽疫气的两颗屏星。古代的星占家真是在天上复制了一个人间社会，连厕所、粪便之类也没有放过啊！而且他们还会像中医一样观察如厕者所解出的粪便，如果是黄色则吉，青白或黑都是天下多疾病的预兆。

2003年出土的定边郝滩汉墓星图中，觜、参两宿相对位置和大小符合实际，除多1颗伐星外，星数与星象也基本描绘正确。（吕智荣供图）

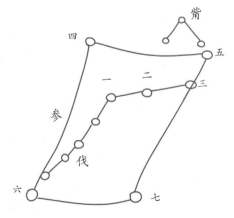

第六章

南方七宿

井\鬼\柳\星\张\翼\轸

南方朱雀

左辖

轸

长沙

右辖

翼

张

积水 储存的酿酒用水

黄道北边的银河卫戍部队
北河

五诸侯 五个诸侯王

井

储存的薪柴 积薪

天樽

铖 象征权力的大斧

盛酒器具

水府 水神的府邸

水位

监测河流水位的官员

四渎 长江、黄河、淮河、济水四条河流的精华

南河

黄道南边的银河卫戍部队

阙丘

天子宫门外的双阙

贪婪凶残的狼，代表异族 天狼

野鸡

军市 军队进行贸易的市场

弧矢 弓箭

丈人 老年人

孙子 孙 子 儿子

老人 象征长寿的星

井

寻找井宿——天狼两河闹东井

寒冷冬夜,谁最闪耀?向南天低空望去,就在参宿左足不远处,有一颗苍白色的亮星寒光夺目、芒角四射,不禁使人心生寒意,这便是全天第一亮星——天狼星。而此时在参宿四的东边还有一颗亮星与天狼星和参宿四呈鼎足之状,它就是南河星官中最亮的南河三。南河北边,接近天顶附近,可以看到亮度相近、并肩而立的两颗亮星,它们所在的星官叫作北河。北河与南河中间偏西一点,八颗星的连线勾勒出一个"井"字,这就是井宿。因与参宿中的军井和玉井相比,井宿的位置更靠东,所以井宿又称"东井"。井旁还有一颗"钺"星,是井的附座。

井宿星组星官众多,除了井、天狼、北河与南河外,还有天樽三星、五诸侯五星、积水一星、积薪一星、水府四星、水位四星、四渎四星、军市十三星、野鸡一星、孙二星、子二星、丈人二星、阙丘两星、弧矢九星、老人一星。井宿星组是二十八宿中包含星官最多的,共有 19 个星官,70 颗星,更占据了全天排名前 10 的亮星中的 3 颗(天狼、老人、南河三),可以说是夜空中最热闹的地方。

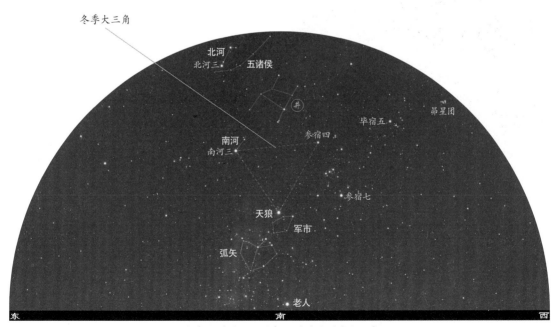

北纬 35 度地区 2 月中 21 点左右的南方天空

井宿诸星——天河边的水之国度

因为在银河岸边，所以井宿中的星官很多都与水相关。东井本身就是天上的一口水井，不过俗话说"井水不犯河水"，但天上的这眼井正好"打"在了银河里，也许这样就不用担心井水枯竭，真正做到取之不尽用之不竭了。积水是专为酿酒存储的泉水，天樽则是盛酒用的酒器，不过也有人将它看作盛粥的器皿，用于接济天下的穷人。水位四星代表的是监测河流水位高低，并负责防汛泄洪的官员。水府四星是水神河伯的水中宫殿，但在星占中是负责堤坝、塘堰、泄洪渠道等建设的治水官员。水位与水府监测治理的对象则是四渎，这四颗星会聚了长江、黄河、淮河、济水的精华，星占者认为如果它变得明亮，那么天下所有的江河都会泛滥成灾。东井西边隔着银河还有两口井，玉井负责做饭用水，军井专供军队使用。

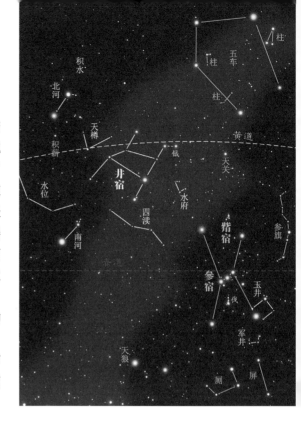

南北河戍——把守天门的卫士

在东井的南北两边有两个明亮的星官——北河与南河，也称北河戍与南河戍。最早它们曾是一个星官，称为南北河戍，戍是驻防、守卫之意，不过南北河戍并非驻扎在银河南北，而是镇守在黄道南北。因为两支卫戍部队的驻地均在银河岸边，所以称河戍。

为什么这里要安排重兵把守呢？原来星空帝国中供日月五星通行的黄道有两个跨越银河之处，一处是在南斗与建星附近，另一处就是南北河之间。日月五星沿黄道由西向东跨越银河后必经此二地，堪称天庭交通要道。另外，斗建之间为冬至点，而南、北河之间也曾为夏至点，使这两处显得更加重要。所以古书称南斗和建星为"天关"，南北河之间为"天门"；并且在斗建西边设置了一把负责开启和锁闭黄道的钥匙——天籥星官。而设置南北河戍的目的，就是让他们守卫黄道上的这座天门，监督日月五星的出入运行。

冬夜当我们眺望浩瀚的星空时，最引人注目的莫过于南方天空中最为明亮的7颗星，如果我们把五车二、毕宿五、参宿七、天狼星、南河三、北河三依次连接起来，就形成了一个巨大的六边形，称为"冬季六边形"。如果我们将南河三、参宿四和天狼星连接起来，就是著名的"冬季大三角"。

扪参历井——蜀道高峻抚星斗

"蜀道难，难于上青天"，蜀道之上，李白感叹山势高峻、道路险阻，吟诵出"扪参历井仰胁息，以手抚膺（ying）坐长叹"的名句。这山高得了得，居然伸手可以摸到天上的参宿和井宿！然而天上的星辰众多，为何李白偏偏抬手摸到的是参井二宿呢？原来，古人崇尚天人合一，天上的星宿对应地上的州郡。按照《晋书·天文志》的说法，参宿对应的是天府之国的川蜀地区，而井宿对应的是陕西地域，正是蜀道所联系的地方。所以由秦入蜀，仿佛是由井宿行至参宿，无怪乎可以"扪参历井"了。

关中井国——姜子牙的垂钓之地

井宿的分野在陕西关中一带，在历史上这里曾有个方国叫井国，因长于挖井而得名，这一带也是姜子牙的发迹之地。相传商纣无道，周文王姬昌广纳贤良，胸怀治国伟业的姜子牙也来到西岐，但并未毛遂自荐，而是垂钓于渭水之滨，静候文王亲临纳贤。姬昌为得贤臣，亲往寻访，这才有了后来周王朝的昌盛。灭商后姜子牙被封在齐国，但他的一支后人留在了他曾垂钓的渭河边，并获封建国，由于地处井国故地，所以仍称井国。一些学者认为，井宿之名便源于这古老的井国。

中西对照

北河二与北河三并肩而立且亮度接近，因此埃及人认为它们是一对发芽的种子。腓尼基文化中，将它们视为一对小山羊。在美索不达米亚，它们的原型为一对裸体少年。罗马人将它们解释为罗马城的缔造者罗慕路斯（Romulus）和雷穆斯（Remus）。而在正宗的希腊传说中，它们是形影不离的孪生兄弟，北河二是哥哥卡斯托（Castor），北河三为弟弟波吕克斯（Pollux）。双子座（Gemini）即由此而来，北河二、三代表兄弟俩的头，东井八星及钺则是他们的腿和脚。

南河三星构成了小犬座（Canis Minor）的主体，南河三的西名为Procyon，意思是"狗的前面"。因为它的出现总是预示着"狗星"也就是天狼星即将升起。

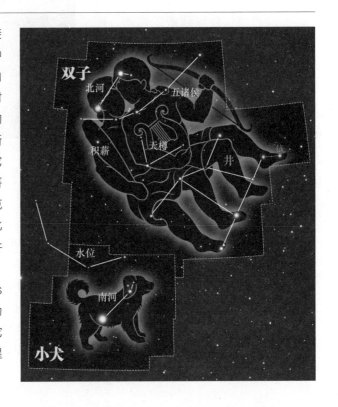

彗星犯井——苻坚败亡之兆?

东晋年间，北方的前秦王朝兴起，并逐步统一了北方，秦王苻坚意欲挥师南下，一统江山。但此时出现了两个天象，一个是木星运行到斗宿和牛宿之间，另一个是井宿出现彗星。按照星占理论，木星所在星宿对应的国家有福，必将五谷丰登、兵强马壮，而斗牛的分野吴越地区正是东晋所在。彗星是臭名昭著的灾星，它出现在井宿，预示着井宿对应的分野会出现兵灾、水灾、旱灾、饥荒、瘟疫等灾害，严重的将导致帝王驾崩，国家破灭，而井宿对应的恰是秦国。因此从天象上看，前秦兴兵伐晋凶多吉少。但苻坚仗着兵力远远胜于东晋，还是决意南侵，

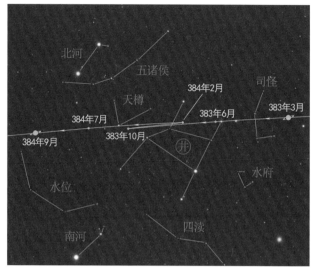

公元 383 年 3 月至 384 年 9 月土星的运行轨迹

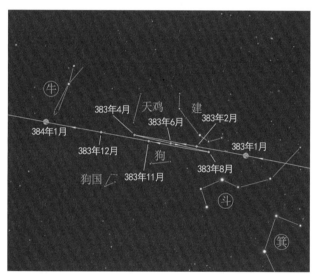

公元 383 年 1 月至 384 年 1 月木星的运行轨迹

结果由于他指挥失误，在淝水之战中惨败。苻坚本人虽逃回长安，但不久被杀，前秦政权很快土崩瓦解，而东晋则得以偏安江东。

利用软件回推，淝水之战前后一段时间木星确实在斗牛之间。但公元383年6月，即苻坚大举南侵前两个月，土星已经运行到井宿。土星是著名的吉星，是前秦国运昌盛、攻无不克、战无不胜的象征，对苻坚来说正是开疆拓土的好时机。然而历史记载中只说"岁（木星）镇斗牛，彗星犯井"，却对土星入东井只字不提。这是为什么呢？是天文官观测疏漏吗？其实这正是后世为了彰显星占术的灵验，而故意隐瞒的。如果淝水之战中胜利的是苻坚一方，那么后来的史书可能就会对土星见于东井大书特书，而"木星镇斗牛，彗星犯东井"之类矛盾的内容就会消失不见了。

天狼与弧矢——挽雕弓西北望

天狼星虽为全天第一亮星，但从名字上就可知中国人对它素无好感，这可能因为其颜色苍白，又出现在冬天，让人看了感觉阴森、不寒而栗。北风呼啸时大气抖动剧烈，这使得天狼星看起来星芒晃动，更让人觉得霸气外露。又加上天狼星位于井宿，分野上属于胡、夷等民族居多的西北地区，使人联想到戏曲舞台上那些胸前双搭狐狸尾，脑后飘摆雉鸡翎，高举刀斧侵扰中原的胡兵夷将。于是天狼星也就成了中国人心目中"夷将"或"野将"的象征。

苏轼的词中有一句："会挽雕弓如满月，西北望，射天狼。"这常使后人疑惑，天狼星明明在南方天空，为何要朝西北望呢？对此，大多有两种解释，一说这里是以天狼喻指北宋的边境大患西夏，由于西夏地处宁夏、甘肃等地，正是井宿分野，而且位于中原的西北方向，所以有西北望之说。另一说则结合了天狼星东南方向的弧矢星，弧矢九星组成弯弓射箭状，箭头正指向其西北方的天狼星。就像设置玉井的目的是困住白虎，避免它发威一样，弧矢星是古人专门设置的用以克制天狼的星，使之不敢妄动。

野鸡军市——美味的诱惑

井宿中还有一颗野鸡星，它是位于军市星官中的一颗小星。军市是军队采购军需物资的市场，野鸡就是军市中让将士们大快朵颐的珍馐之物。在古人看来，如果这颗星明亮，便是抵抗蛮夷的猛将们享用了野鸡美味后，士气大增，扔下筷子上阵杀敌去也。因此，一些占卜书籍认为野鸡代表星空帝国中的大将。

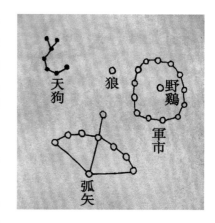

如果我们将野鸡、军市与天狼、弧矢等联系起来，似乎可以将古星图中浑圆的军市看作为捕捉天狼设置的陷阱，野鸡是陷阱中放置的诱饵，弧矢和被划入鬼宿的天狗，则负责将狼向陷阱的方向驱赶。看来古人为了对付天狼，还真是煞费苦心啊！

地平线上的仙翁——康熙指认老人星

清代康熙皇帝可以算得上是一位热爱科学、喜好天文的皇帝，他从西方传教士那儿学到了不少天文知识。一次康熙皇帝南巡南京，特意登上鸡笼山观星台夜观星象。康熙询问陪同的大臣，南边地平线附近的那颗白色亮星是什么星，群臣皆不知，康熙得意地说那是老人星。这时大学士李光地上前奉承道：老人星为吉祥之星，老人星见，天下太平。却不料遭到康熙叱责：老人星是南天的天体，北方高纬度自然看不到，而南方低纬度很容易看到，怎么能和天下太平扯上关系呢？回京后不久，李光地就被降了两级。

老人星又称天南星、南极老人、南极仙翁等，是全天第二亮星，虽然离真正的南天极尚远，但北京地区根本无法看到，汉代时中原地区尚勉强可见，现在也已难觅踪影。汉代提倡尊老养老，当时在国都南郊的高旷之地建有老人庙，每逢秋分之日的黎明，天子率领百官到老人庙祭祀老人星，并登高观看老人星。看到老人星明大，就认为是国家安定、老人健康长寿的吉兆。

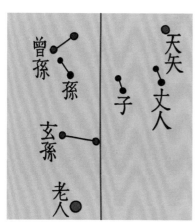

涩川昔尹《天文成象》局部（摹本）

宋代以后，这一活动移至农历九月九日，成为重阳节活动的一部分，敬老和登高的习俗得以保留。而观看老人星，则因为岁差和技术性太强等，被人们渐渐淡忘了。

在老人星的西北方，古人还特意安排了丈人、子和孙三个星官，以示子孙满堂、其乐融融之意。值得一提的是日本涩川春海父子的日本星座，在老人星北边又设立了曾孙、玄孙两个星官，形成了五代同堂的大家族。

随着一些天文知识在市井中的传播，老人星主寿昌的星占意义被不断强调，最终这颗星成了与福、禄两星并列称的"寿星"，也就是那个手捧仙桃、乘鹿携鹤的"肉头老儿"。

中西对照

  天狼星在西方人眼里变成了狗，托勒密在他的《至大论》中就直接称该星为"狗星"，但其源头可一直追溯到古埃及。而它的西方专名 Sirius，则源于希腊语"灼热"一词。原来希腊人发现天狼星与太阳一同升起之时（天文学上称为"偕日升"），正是一年中最炎热的一段时间。英语中至今仍称这段相当于三伏天的时间为 dog days。大犬座（Canis Major）正由"狗星"发展而成，它是神话中猎人奥利翁的猎犬，永远忠心耿耿地跟随着主人游猎于天界。

  南船座（Argo Navis）是一个古老的星座，为托勒密48 星座之一。在希腊神话中，它是伊阿宋带领 50 名勇士出航寻找金羊毛时乘坐的"阿耳戈"号，曾经是全天最大的星座，但正因为它过于巨大，最终被拆分为船尾座（Puppis）、船帆座（Vela）和船底座（Carina）三个部分。弧矢九星中有五颗落在船尾座。

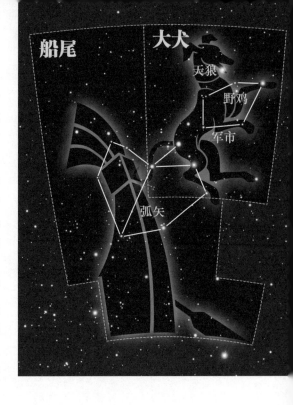

船尾　大犬　天狼　野鸡　军市　弧矢

古代有关天狼星和老人星的诗词

青云衣兮白霓裳 举长矢兮射天狼
——（战国）屈原《九歌·东君》

高置掩月兔 劲矢射天狼
——（南朝）刘孝威《行行游且猎》

天狼正可射 感激无时闲
——（唐）李白《登邯郸洪波台置酒观发兵》

戎羯归心如内地 天狼无角比凡星
——（唐）刘禹锡《重酬前寄》

天狼正芒角 虎落定相攻

宝珥遥惊瞿 天弧即射狼
——（宋）宋庠《和参政丁侍郎从驾出猎》

星弧射狼夜夜张 角弓备寇不可忘
——（宋）梅尧臣《高阳关射亭》

矢射狼星北 旗迎太乙东
——（宋）陈杰《晓登吴山二首·其一》

散烧烟火夜宿兵 遥见狼头一星灭
——（宋）吴泳《祁山歌上制帅闻敌退清水县作》

衡山苍苍入紫冥 下看南极老人星
——（唐）李白《与诸公送陈郎将归衡阳》

周南留滞古所惜 南极老人应寿昌
——（唐）杜甫《寄韩谏议》

此处莫言多瘴疠 天边看取老人星
——（唐）张籍《送郑尚书赴广州》

海内逢康日 天边见寿星
——（唐）李频《府试老人星见》

夜来银汉清如洗 南极星中见老人
——（宋）米芾《鹧鸪天·献汲公相国寿》

清晓祥云绕碧天 老人星忽下南躔
——（宋）李景良《鹧鸪天》

一峰高插丙丁间 南极星光伴我闲
——（宋）姜特立《余垂老》

南岳亭峰七十二 祝融峰直老人星
——（宋）赵方《岳亭》

太微翼轸相纬经 上直长沙老人星
——（宋）方回《送张子敬湖南宣慰司都事》

鬼

爝 示警的烽火

鬼
积
尸 聚集尸体或尸气

烹制祭祀食物的厨房　外厨

守卫财产的狗　天狗

检查牲畜年龄及是否受孕的官员　天记

土地神或祭祀土地神的地方　天社

鬼

四星册方似木柜
中央白者积尸气
鬼上四星是爟位
天狗七星鬼下是
外厨六间柳星次
天社六个弧东倚
社东一星名天记

寻找鬼宿——四星开口吐白气

在冬季众多闪耀的亮星中，鬼显得并不那么张扬。要想寻找鬼宿，先要找到井宿中的北河，北河二与北河三如同黑夜中一对炯炯有神的猫眼，这对猫眼再往东偏南一些，便可隐约看到由四颗星组成的一个不规则四边形。如果还不能确信，请定睛观瞧，四颗星中间居然有一团模模糊糊的白气！如果找到白气，我们就可以确定是鬼宿无疑了。这团白气叫作积尸，为了与大陵中的积尸星相区别，通常称为"积尸气"。

鬼宿所辖除了鬼和积尸气以外，还有天爟四星，是天上燃起的烽火，占卜边界战事，也提示人们风干物燥，小心火烛。外厨六星，是负责烹羊宰牛制作祭品的厨房。天狗七星，主管看守，如果天狗星变化，则说明天下盗贼肆虐。天记一星，从星占意义上分析，当是一位兽医，他的职责是通过检查牙齿等手段，判断牲畜的年龄大小和是否受孕，幼小或有孕的牲畜是不能送到外厨屠宰的。在鬼宿中还藏匿着一位上古的土地神，名为句（gōu）龙。

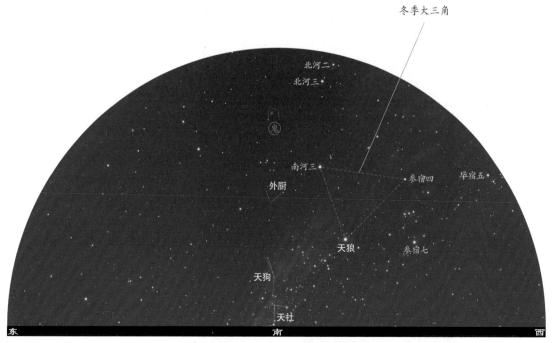

北纬35度地区3月中21点左右的南方天空

鬼宿——黄道的最高点

鬼宿又名舆（yú）鬼，"舆"的本意是车厢，后来引申出车、轿、抬、装运、众多等意思。所以对鬼宿的含义，有车或轿中的鬼、抬着的鬼、众多的鬼等多种说法。西安交大汉墓星图，以两人抬着一个似人非人的鬼来诠释鬼宿，可见舆鬼最有可能是指抬着鬼的意思。

汉代的郗（xī）萌讲了这样一个故事，弧矢星射天狼，却不巧射偏，误中参宿左肩。参宿死后，尸体被抬到了鬼宿的位置，同时他还称："鬼之言归也。"原来在古人看来，人死后会归为鬼，骸骨埋在地上，灵魂则归于天，而鬼宿正是亡魂的最终归宿地。那么是什么使古人认为只有鬼宿才是亡魂的会聚之处呢？

鬼宿曾是先秦时期夏至点所在的位置，也就是说鬼宿曾经是黄道距地面的最高点，当鬼宿高挂天空整夜可见的时候，正是夜长昼短阴气最盛的仲冬季节，所以古人认为鬼宿一定是至阴的地方。巧合的是鬼宿中央那似鬼火又似雾气的神秘天体，正好可以解释为阴气会聚所致，于是这个星官就与鬼和尸气联系了起来。当然关于鬼宿的来源还有其他说法，比如有学者就认为它与古老的"鬼方"民族有关。

积尸气——火红凤凰青白瞳

如果将整个南方七宿看作一只硕大的朱雀，鬼宿便是这只火红色大鸟的头部，因此被星占家视为天目。天目正中的瞳孔就是积尸气，它也被称为天尸，主死丧之事。与之巧合的是，西方人也认为这团模糊的絮状天体与灵魂有关，它是一个门，是人类灵魂从天上回归人间之时的必经之所。这些说法都与这个天体的长相有关：人们看到漫天繁星，绝大多数都是锐如针尖的点光源，只有少数几个如烟似雾，必定心存疑惑。积尸气看上去如同鬼火一般，若隐若现，加上它又出现在寒风凛冽的冬夜，不禁让人感到神秘和阴森恐惧。

后来随着望远镜的发明，当人们再次凝视这个天体时，发现它其实一点也不神秘，肉眼看上去模糊，其实是因为里面密密麻麻聚集了许多星星，像一个个小蜂房，于是称之为蜂巢星团，不过中国人更喜欢称之为"鬼星团"。

鬼星团距离地球 577 光年，直径约 16 光年，至少包括 200 颗恒星。它大约诞生于 7.3 亿年前，是一个疏散星团，也是为数不多的肉眼可见的星团之一，但仅凭肉眼还不足以分辨出其中的恒星。1609 年，伽利略首次使用望远镜观测到这个星团中的 40 颗恒星。梅西耶在 1764 年将它列入著名的梅西耶星表中，编号 M44。（张超摄）

天社——平水土的句龙

在鬼宿星空中有一个星官叫天社，什么是"社"呢？社是古人对土地神的称呼，也是祭祀土地神的场所。土地滋养万物，是人类生存之本，在以农业立国的中国，自然受到普遍崇拜，上至天子诸侯下至庶民百姓，都建社拜社。祭祀社神的日子就是社日，分春社与秋社，春社祈求社神赐福人间五谷丰登，秋社报告丰收的喜讯，答谢社神。民间至今仍有社火、社戏等过社日的活动。除了社之外，土地神还有另一个称号——后土，"后"是君主的意思，后土就是管理土地之君。在道教中后土被称为"后土皇地祇"或"后土娘娘"，是与玉皇大帝并称的四御之一。

关于社神后土的来历，有一种说法认为社原本是上古时人们对付洪水的一种方法，将土挖出来堆成小山丘，人们搬到上面住，便可免于洪水之灾。发明并倡导这一方法的是共工之子句龙。共工是炎帝的后裔，因善于蓄水灌溉，在上古被敬为水神。传说共工在与颛顼（亦有说是火神祝融）的大战中败北，怒触不周山，导致天柱崩塌，结果天向西北倾斜，日、月、星辰移位，地向东南塌陷，导致洪水滔天。为治理洪水，先是鲧（gǔn）用围堵的方式进行治理，结果失败；之后大禹总结经验，改用疏导之法，终于平息了水患。句龙便是协助大禹治水的功臣（也有学者认为大禹就是句龙）。因句龙善于治理水土，被封为土正，掌管天下土地，负责平整土地、疏浚河流。后世尊称为"后土"，在祭社时将他作为社神。

天社星就是星空帝国中祭祀土地神的场所，其中供奉的土地神正是后土句龙。天社星位置极南，古代中原地区只有三月的傍晚和九月的黎明才能在南方极低处看到，这正与春社和秋社的时间对应。

中西对照

巨蟹座（Cancer）在希腊神话中是被大英雄海格立斯踩死的大螃蟹，鬼宿四星围成的区域恰似螃蟹盖，鬼宿三和鬼宿四的西方专名分别为 Asellus Borealis 和 Asellus Australis，意思是"北面的驴子"与"南面的驴子"，这可能和它们中间的积尸气有关。这个星团在古代欧洲被称为 Praesepe，意思是"马槽"。著名的日本动漫作品《圣斗士星矢》中，巨蟹座黄金圣斗士的绝招叫"积尸气冥界波"，正是中西星座合璧的产物。

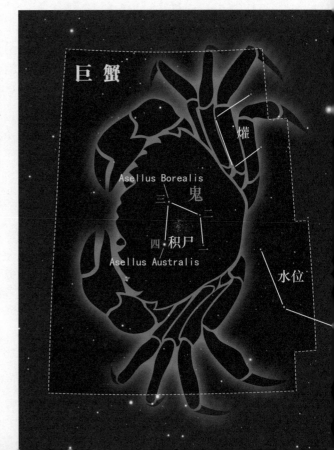

柳

酒馆外招揽客人的酒幌 **酒旗**

柳

八星曲头垂似柳
近上三星号为酒
享宴大酺五星守

寻找柳宿——春夜南天星寂寥

早春的夜空，已无冬季那般华美，在南河三与轩辕十四的连线正中稍偏下一点，即鬼宿之南，八颗暗星组成了毫不显眼的——柳。《尔雅·释天》曰："咮（zhòu）谓之柳，柳，鹑火也。"咮字是鸟喙的意思，也就是鸟类那个又尖又长的角质嘴巴。所以柳宿可以理解为南方朱雀的鸟嘴，既是嘴自然和吃饭相关，所以《晋书·天文志》认为柳宿是天上的厨房，调和五味主管帝王的膳食。

柳宿星组的星官除了柳之外，只有酒旗三星，这三颗星比柳宿八星更加暗弱难寻。

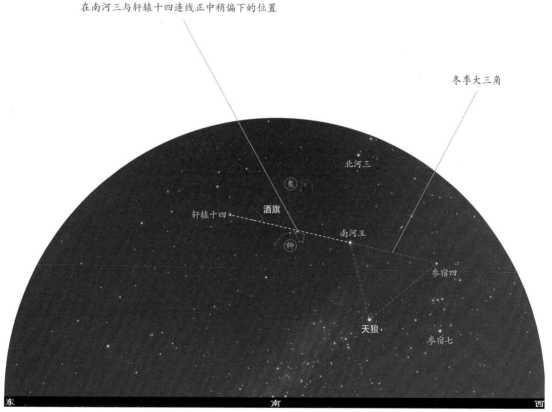

北纬35度地区3月末21点左右的南方天空

南方朱雀——鹌鹑乎？凤凰乎？

南方七宿中除井、鬼、轸三宿外，其余四宿均与鸟有关，柳为鸟嘴、星为鸟颈、张为嗉、翼为翅。这四宿组成一只完整的鸟的形象，就是所谓朱雀或朱鸟了。这里的雀或鸟都是泛指鸟类，那么问题来了，这朱雀究竟是什么鸟呢？

在古代的十二次中，南方七宿对应鹑首、鹑火、鹑尾三次。这里的鹑是否就是我们常见的鹌鹑呢？沈括在《梦溪笔谈》中说："南方朱鸟七宿，有喙、有嗉、有翼而无尾，此其取于鹑欤。"他认为朱雀就是一只秃尾巴鹌鹑。这实在让人难以接受，四象中在苍龙、白虎之前打头阵的竟然是一只又小又丑的鹌鹑！

四川渠县东汉沈府君双阙上的朱雀图案

好在古人的看法并不都与沈括一致，《文献通考》说："鹑，凤也。青凤谓之鹖（hé），赤凤谓之鹑，白凤谓之鹔（sù），紫凤谓之鹫（zhuó）。盖凤生于丹穴，鹑又凤之赤者，故南方七宿取象焉。"原来鹑是特指红色的凤凰，也就是朱雀。凤凰的一些特点也与朱雀相似，如《鹖冠子》说："凤凰者，鹑火之禽，阳之精也。"所以很多时候凤凰与朱雀是画等号的，如《春秋演礼图》曰："凤为火精，在天为朱雀。"李时珍在《本草纲目》中也说："凤，南方朱鸟也。"此外从流传下来的图像资料看，朱雀的形象和凤凰也是没有什么区别的。

柳宿——杨柳依依植天庭

一般认为，柳宿之名源于柳树，古人认为它"曲头垂似柳"，所以也将柳宿当作天上的柳树。因而在星占中柳宿除了与烹饪和美食联系在一起外，也和木工、工匠等有关。

关于柳宿和柳树，还流传着一个故事：唐代洛阳城中的永丰坊内有一株垂柳，枝条柔嫩繁茂。白居易写诗赞道："一树春风千万枝，嫩于金色软于丝。永丰西角荒园里，尽日无人属阿谁？"这首诗很快传遍街巷，流入乐府，最后传到了皇上的耳朵里。皇上觉得这柳树长得也忒好了，于是降诏取这株柳树的两根枝条，栽入御花园中。白居易得知后又赋诗一首："一树衰残委泥土，双枝荣耀植天庭。定知玄象今春后，柳宿光中添两星。"地上的柳枝植入禁苑，天上的柳宿就会添上两星，这正是古人天人感应思想的体现。

酒旗——柳荫之下美酒香

除柳宿主厨外，酒旗三星也与饮食相关。《晋书·天文志》认为，酒旗是酒馆之旗，主管宴席上的吃喝。虽然酒旗星算不上明亮，但历史上诸多好酒之人，都喜欢把它挂在嘴边。比如李白在名篇《月下独酌四首》中写道："天若不爱酒，酒星不在天。"酒旗星官设立的年代已很难考证，有一则传说认为，上古时期黄帝在与敌人交锋中处于劣势，杜康造酒请黄帝饮用，饮酒后的黄帝满血复活，神勇百倍，一举击败敌军。杜康死后，黄帝为纪念他，便将天上一组星命名为酒星。这个故事虽经不起推敲，但巧合的是酒旗星官紧挨轩辕星官，而轩辕恰是黄帝的姓氏。

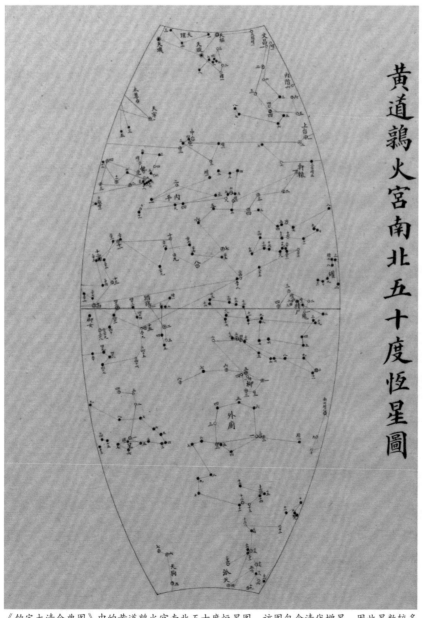

《钦定大清会典图》中的黄道鹑火宫南北五十度恒星图，该图包含清代增星，因此星数较多。

星

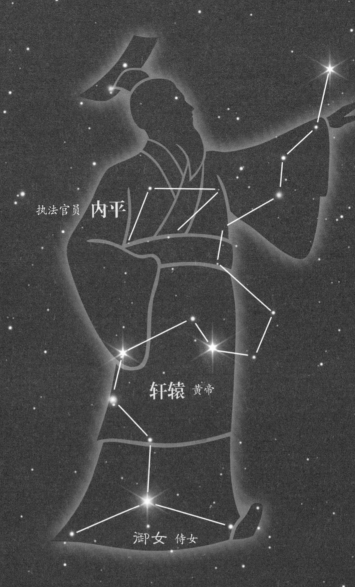

执法官员 **内平**

轩辕 黄帝

御女 侍女

天上的丞相 **天相** 八

星

七星如钩柳下生

星上十七轩辕形

轩辕东头四内平

平下三个名天相

相下稷星横五灵

寻找星宿——反问号下星一颗

早春之夜，稍显暗淡的群星中，一把巨大的镰刀或者说一个反写的问号正立于南天，这就是轩辕星官的主体。镰刀下面最亮的一颗星恰好位于黄道之上，叫作轩辕十四，是西方黄道带四大天王之一。找到了轩辕十四，我们便可以很容易地找到其下方一颗孤零零的橙红色亮星，它是周围大片天区中唯一的亮星，因此阿拉伯人称之为 Alphard，意思是"孤独者"。它的中国名字叫星宿一，古人将它与周围六颗小星一起组成一个星官，称为"七星"，也就是二十八宿之一的星宿。

《步天歌》中星宿所辖除了七星和轩辕之外，还有三颗星组成的天相，是宰相大臣；四颗星组成的内平，是执法的官员；五颗星组成的天稷（jì），代表农政之官。

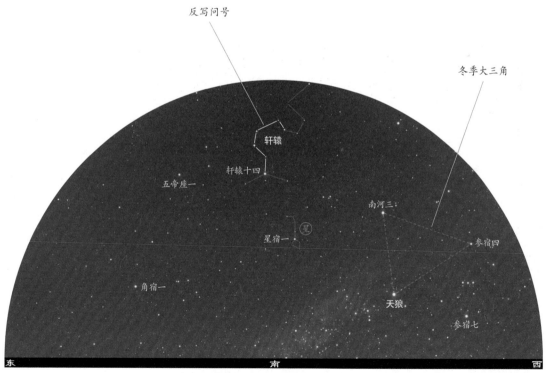

北纬 35 度地区 4 月初 21 点左右的南方天空

七星——令人不解的名字

星宿古称"七星"，意思是由7颗星组成的星官，这一点和"三星"一样，只是后来三星简称"参"，后世写作"参"，而"七星"没有被简称为"七"，反而变成了"星"。这着实让人费解，全天群星，也泛称星宿，说到这个星官无论是称"星宿"，还是仅用一个"星"字，都很容易让人产生歧义。

此外，七星的原名也难以理解，如果是像参宿一样，三颗星的亮度相当也就罢了，而这"七星"众星皆暗，唯星宿一独亮，完全与这个名字不相称。唯一可能的解释是，它与北斗七星有几分相像。但七星的名字在某些场合又容易与北斗混淆，后世常称北斗为七星，以前的人们也许没想到这一点。

星宿——细长脖子急脾气

《史记·天官书》说星宿是朱雀的脖子，主急事。有人解释道，星宿七星颀长，如同朱雀的喉部，朱雀吃东西吞咽，不会将食物留在喉中，所以星宿主占急事。究竟哪些事才算是急事呢？按照《晋书·天文志》的说法，应该是突发的战乱和盗贼之类的事件。但是李淳风在这里还指出七星主管衣裳刺绣，难道服装衣物也属于急事？当然不是，其实虽然司马迁明确指出七星为鸟颈，但后世的一些星占者认为红色的星宿一应是朱雀的心脏，这一点和大火被看成苍龙之心一样。既然星宿一被当作鸟心，那么整个星宿应该就是鸟的躯干，而鸟的身体有羽毛覆盖，类推到人自然就是衣裳了。

《尚书·尧典》记载的四仲中星里有"日中星鸟，以殷仲春"一句，其中"鸟"指的可能是星宿或星宿一，那时星宿一在昼夜平分的春分时节，出现在黄昏后的南方中天。

轩辕——呼风唤雨一黄龙

古书中说，轩辕星官是黄龙之体，既然是龙就应该有呼风唤雨的本领，而这条醉卧于酒旗星旁的黄龙，也确实有这种本事。古人认为轩辕十七星是雷雨之神，内藏阴阳二气，可以对抗出雷电，可以融合为雨水，怒为风、乱为雾，凝结起来就是霜，散开了就是露水，聚集起来变成云，耸立形成彩虹，远离变成日晕，分开则为幻日……所有的大气现象，甚至二十四节气的变化都成了轩辕黄龙阴阳变化的结果。

轩辕十七星中，最亮的轩辕十四，古称轩辕大星，是一颗蓝白色的亮星，由于恰好位于日月所运行的黄道之上，人们观看轩辕十四，便可粗知季节，于是轩辕众星也便成了通晓物候、预知丰歉的神灵。

从整体上看，轩辕星恰似一条从西北向东南游动的龙，尾在西北，头向东南。最亮的轩辕十四即为龙头

轩辕十四——黄帝变皇后

春季星空中的轩辕十七星是这个季节最华丽的部分，除了代表幻兽黄龙外，人们还赋予它们另外一层意思——皇帝后宫的三千佳丽。其中各星分别代表了妃子、次妃、御女等角色，这个星官中最漂亮的轩辕十四，则代表了后宫之中的女主人，也就是皇后了。

说到这儿读者可能要纳闷了，轩辕不是黄帝的号吗？怎么这星空中的轩辕却变成了女主？没错，轩辕星官原本就是指人文初祖黄帝，也是五方上帝之首的中央黄帝，至于为什么变成了女主，完全是建立在中国古代阴阳五行理论之上的。根据五行观念，人们将五行配五方、五季、五色、五帝、五佐、五兽等。五帝之一的轩辕对应土行，又由于土与地相联系，在天为阳地为阴的思想下，土行常与女性关联，比如土星在星占中就为女主，《乙巳占》说"填星（土星）主福德，为女主"，前面提到过的后土句龙在民间也被当作后土娘娘。所以轩辕星官也就摇身一变成了天帝的众妃，轩辕十四则成了女主。

"阴月霾中道，轩星落太微"是唐人崔融《则天皇后挽歌二首》中的一句，这里的轩星指轩辕十四，诗人以轩辕十四的坠落，比喻武则天之死。

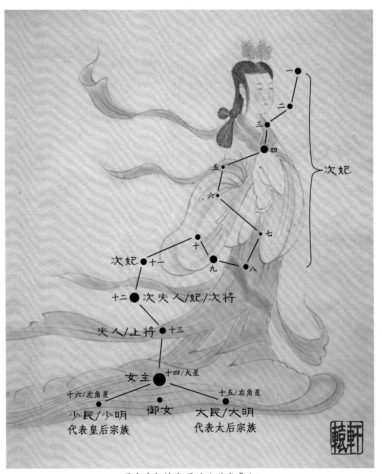

星占中轩辕各星的名称或象征

中央黄龙——五方到四象的转变

既然古人讲究五行理论，天上为什么只有四象而不是五象呢？张衡在《灵宪》中说："苍龙连蜷于左，白虎猛踞于右，朱雀奋翼于前，灵龟圈首于后，黄神轩辕于中。"四象之外，还有一个位于中央的黄龙。《淮南子·天文训》在谈到"五星"时说，东方木，其帝太昊，春，其兽苍龙；南方火，其帝炎帝，夏，其兽朱鸟；中央土，其帝黄帝，其兽黄龙；西方金，其帝少昊，秋，其兽白虎；北方水，其帝颛顼，冬，其兽玄武。看来，黄龙曾是与四象并列的中央之象。轩辕十七星，大体介于南方朱雀与西方白虎之间，为黄龙之象，而轩辕正是黄帝的号。由此可见，轩辕星官，正是古人按照五行思想中五行、五方、五帝、五季

依据古人的五行观念：

木行对应东方、春季、青色、太昊、苍龙；
火行对应南方、夏季、红色、炎帝、朱雀；
金行对应西方、秋季、白色、少昊、白虎；
水行对应北方、冬季、黑色、颛顼、玄武；
土行对应中央、季夏、黄色、黄帝、黄龙。
轩辕星官为黄龙之体的原因也正在于此。

对应的观念有意安排的。明人曾引用《石氏星经》中的话说："中宫黄帝，其精黄龙，为轩辕。首枕星、张，尾挂柳、井，体映三台，司四季。"这充分说明将黄道带划分为五方星象是有其古老传统的。只是到了后来，《史记·天官书》为了突出北极的重要性，将全天分为五宫，中宫被对应到北极天区，黄道带分为四宫，轩辕失去了代表中宫的资格，被并入朱雀，四象取代了五象。

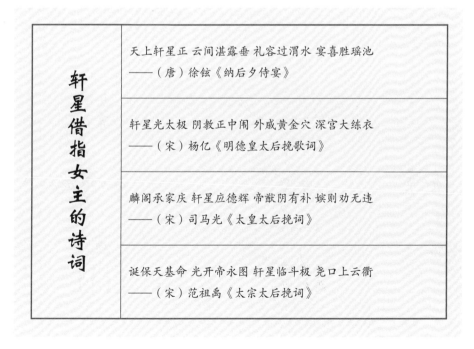

轩星借指女主的诗词

天上轩星正 云间湛露垂 礼容过渭水 宴喜胜瑶池
——（唐）徐铉《纳后夕侍宴》

轩星光太极 阴教正中闱 外戚黄金穴 深宫大练衣
——（宋）杨亿《明德皇太后挽歌词》

麟阁承家庆 轩星应德辉 帝猷阴有补 嫔则功无违
——（宋）司马光《太皇太后挽词》

诞保天基命 光开帝永图 轩星临斗极 尧口上云衢
——（宋）范祖禹《太宗太后挽词》

天稷——星空中的祭祀区

稷（jì）是先秦时期主要的粮食来源，但今天我们已经弄不清它到底是哪种农作物了。有人说是粟（小米），也有人说是黍（黄米）的一种。如同土地神称"后土"一样，稷神称为"后稷"。由于稷在古代被人们视为百谷之长，因此后稷也就成了谷神。在以农业立国的中国，土地与粮食关乎国家和人民的生死存亡，因此社神和稷神就成为帝王设坛祭拜的重要神祇，以至于后来用"社稷"指代国家。星空帝国自然也少不了祭祀社稷的地方，这就是鬼宿中的天社星和星宿中的天稷星。

"右社稷，左宗庙"按照《周礼》社稷坛应在王宫之西，祖庙在王宫之东，两者同为国家的象征。天子既要拜社稷，也必须祭祀列祖列宗。张宿星组中有个天庙星，正是代表皇族血脉的宗庙，如此天庭中的祭祀设施可谓一应俱全。在这个位于南方朱雀的祭祀区域中，除了社稷和宗庙外，还有几个配合祭祀活动的星官，外厨是负责烹制祭品的厨房，天记是主管检查牲畜挑选牺牲的官员，而张宿司职储存祭祀用的珍宝器物。

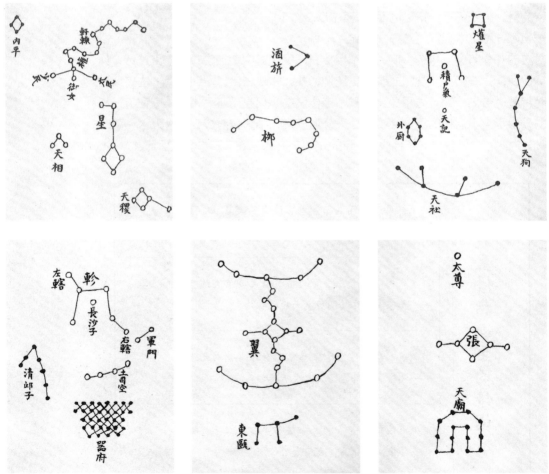

明钞本《步天歌》中的南方鬼、柳、星、张、翼、轸星图

中西对照

　　轩辕十四虽然在全天 21 颗 1 等以上亮星中排在最后一位，但在古人心目中它拥有崇高的地位。巴比伦人称之为"国王"；波斯人叫它"中心者"；印度人为它冠名"伟大者"；而它的西方专名 Regulus，则是拉丁语中"小君王"的意思。轩辕十四如此高的地位，其实都源于它的位置优势——最靠近黄道的 1 等亮星。Corleonis 是轩辕十四的另一个别名"狮子的心脏"，这是因为它位于狮子座（Leo）的心脏处。五帝座一的西方专名为 Denebola，是"狮子尾巴"的意思。Algieba 为轩辕十二的西方星名，则是"前额"之意，代表狮子的前额。

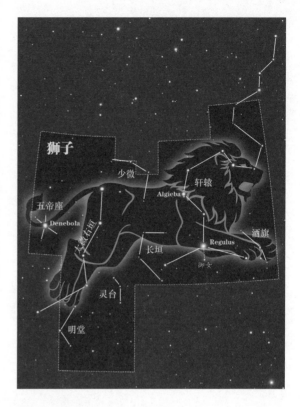

南方朱雀（高句丽古墓壁画）

张

张

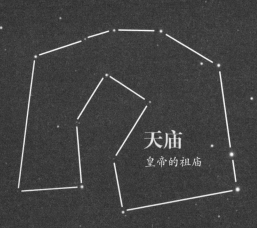

天庙

皇帝的祖庙

宋代的张宿诸星

六星似轸在星傍
张下只是有天庙
十四之星册四方
长垣少微虽向上
数星歇在太微傍
太尊一星直上黄

寻找张宿——隐藏南天的大鸟

与喧闹的冬夜相比，春夜的南天似乎有些沉寂，南天低空除了星宿一外，便尽是些暗淡无光的小星，然而象征南方朱雀身躯的张宿就隐藏其中。常有人认为张宿的形状像张开的弓矢，或者张开的罗网，但张宿之名称可能另有来源，有学者就认为张宿源于古时张人的居住地——张城。张宿所辖除了张之外，只有更南边的天庙十四星，天庙是皇帝祭奠祖先的家庙。

张宿——库房保管兼厨师

经过柳宿鸟嘴和星宿组成的细长脖子，南方这只巨大的朱雀应该到了身体部位，然而张宿并非代表朱雀躯体的全部，而只是食道下部的嗉囊。嗉囊有储存功能，因此也是天上用来储藏物品的地方，《黄帝占》中提到，张是朱雀的嗉子，宗庙祭祀用的器物、天子的珠宝、后宫用的衣服全都收纳其中。

嗉子属于消化系统和食物密切相关，张宿是否因此也和饮食相关呢？《史记·天官书》说，张宿是厨师，主管招待客人盛酒做饭，这一点和柳宿有些类似。《晋书·天文志》中不但提到张宿主管珠宝和衣服等，也包括了饮食。看来张宿身兼二职，不仅要管理宫中的库房还要下厨房烧水做饭。

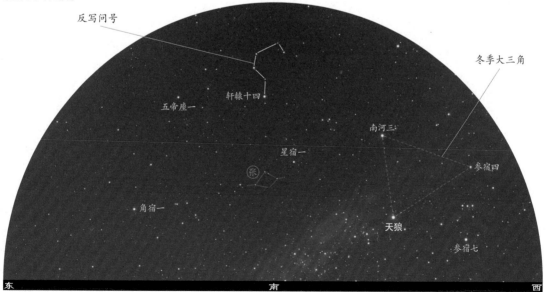

北纬 35 度地区 4 月初 21 点左右的南方天空

翼

东瓯 古代百越的一支，代表蛮夷之地

宋代的翼宿诸星

翼

二十二星太难识

上五下五横着行

中心六个恰似张

更有六星在何许

三三相连张畔附

必若不能分处所

更请向前看记取

五个黑星翼下头

欲知名字是东瓯

寻找翼宿——难以分辨的二十二颗星

《步天歌》在翼宿段落，一开头便给翼定了性，说它"二十二星太难识"。5月中旬的初昏，当我们面向南方时，低空处的一群小星便是翼宿所在，然而我们即便瞄准这块星空，也很难分辨出鸟类双翅的造型。不过，如果对西方星座有所了解，寻找起来也许会简单一些。在西方星座中，这片星空属于长蛇、六分仪、巨爵三个星座。星宿和张宿位于长蛇的中段，而翼宿诸星就隐藏在蛇背上背负的巨爵座中。

翼宿星组除了翼之外，只有更靠南的五颗星组成的东瓯，是代表蛮夷的星官。

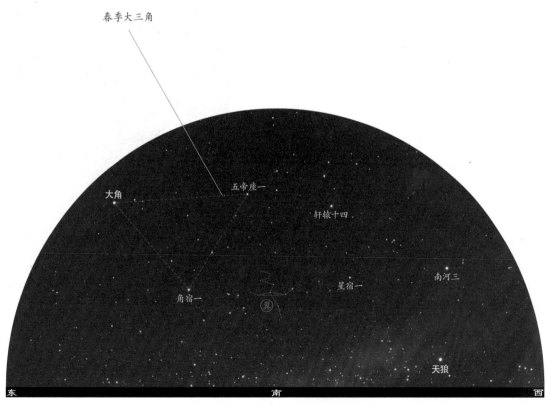

北纬 35 度地区 4 月末 21 点左右的南方天空

翼宿——歌舞升平之地

在南方朱雀七宿之中，最为硕大的便是凤凰的翅膀——翼宿。可能是基于鸟类有长途飞行的本领，古人认为翼宿代表来自远方的宾客，这些星变得明亮，便是番邦外国来访进贡之时。我堂堂中央大国，以礼乐服四夷，既然人家来朝拜，就来段歌舞让他们感受一下什么叫礼乐之邦吧。鸟类扇动双翼除了展翅欲飞更像是翩翩起舞，所以翼宿的司职又和音乐舞蹈挂上了钩。《观象玩占》中说，翼宿掌管五音六律，《晋书·天文志》中更是明确了翼宿的职责："天之乐府俳倡"。即上天的乐府，歌舞戏乐之事。

虽然《史记·天官书》认为：柳为鸟喙、星为脖颈、张为嗉囊，但这三宿名称的本意均与鸟无关。南方七宿只有翼的名称源自鸟类，而且翼二十二星排列的形状恰如鸟类展开的双翅。翼诸星均非常暗弱，古人对它认识不可能太早。翼应是四象与二十八宿对应关系确立后，为了匹配朱雀形象而专门设立的星宿。

田都元帅——梨园守护神

早年间戏班供奉的保护神或祖师爷颇多，像什么"唐明皇""老郎神""二郎神""西秦王爷""田都元帅""九天翼宿星君"等。过去梨园艺人地位低下，不得不请出个厉害的角色充充门面，抬高自己的地位。由于中国幅员辽阔，各地风俗不同，地方戏曲种类繁多，因此造就了多个戏神。

这些戏神中的九天翼宿星君，自然就是翼宿了。在星占中翼宿司职"天之乐府俳倡"，在天人合一的思想下，当然也可以下管人间乐府，这样翼宿就顺理成章地成为了主掌音乐和戏剧的神灵，并被供奉为人间戏班的保护神。

除了翼宿星君外，还有一位福建、广东、中国台湾等地戏班供奉

福建木雕田都元帅

的戏神"田都元帅"也和翼宿脱不开关系。民间传说这位元帅本是唐朝人，母亲苏氏有一次在郊外感天上翼宿投入怀中，于是未婚生子诞下了这位元帅。另外还有人认为"田都元帅"本就是翼宿星君的隐晦称法，是取了"翼"字中间的一个"田"字作为代号。

星分翼轸——王勃的天文之旅

"豫章故郡，洪都新府。星分翼轸，地接衡庐。襟三江而带五湖，控蛮荆而引瓯越。物华天宝，龙光射牛斗之墟；人杰地灵，徐孺下陈蕃之榻。雄州雾列，俊采星驰。"

这是王勃名作《滕王阁序》的开篇。相传当年滕王阁修葺一新，年轻气盛的王勃毛遂自荐，为这座江南豪阁作序。文章开篇气势恢宏，辞藻华丽，一下子征服了众文人骚客。

但正是这几句，也引来了一些争议甚至是批评之声。这些议论主要来自于文章对分野体系的引用。"龙光射牛斗之墟"，即当年张华靠星象寻宝剑的故事，斗、牛对应吴越，滕王阁地处豫章，即江西南昌，正是吴越之地没有异议。问题就出在"星分翼轸"上。翼宿和轸宿为楚地、荆州，包括今湖南、湖北以及河南南部等区域，并不含江西南昌，所以早就有人认为"星分翼轸"是错误的。

但从宽泛的标准来看，这一句仍是可以接受的，因为江西南昌一带，一向就有"吴头楚尾"之称。下句"地接衡庐"，即地理上连接湖南衡山和江西庐山，也说到了这个问题，证明王勃是清楚这一点的。况且，古人对于星占分野，通常也会稍作变通。所以，王勃的说法虽有些不妥，但对这一千古名篇来说，也只是白璧微瑕而已。

清末女画家吴淑娟所绘《滕王阁图》。滕王阁位于江西南昌西北赣江东岸，为江南三大名楼之一，始建于唐朝永徽四年（公元653年），为唐高祖李渊之子李元婴任洪州都督时所建。

轸

左辖
固定左侧车轮的销子

轸

长沙
长沙郡或长沙国

固定右侧车轮的销子　右辖

军门　军营之门

土司空
管理土地的官员

青丘　传说中的蛮夷之国

宋代的轸宿诸星

轸

黄道向上看取是

以上便为太微宫

器府之星三十二

门东七乌青丘子

青丘之下名器府

门下四个土司空

军门两黄近翼是

左辖右辖附两星

中央一个长沙子

四星似张翼相近

寻找轸宿——春季大弧线南延

春季星空中最明显的标志莫过于连接北斗斗柄、大角和角宿一的春季大弧线了。如果我们将这条优美的弧线继续向南延伸，就能在南天低空看到四颗稍亮的星组成歪七扭八的四边形，在周围杂乱无章的暗星衬托下较为显眼，这就是轸宿。轸宿四星对应西方星座中的乌鸦座，因此如果能找到站在长蛇座尾巴上的乌鸦，也同样可以定位轸宿。

轸宿有三颗附属星，即四星中间的长沙一星和左、右辖各一星，因此很多时候轸宿被画成七颗星。《步天歌》中属于轸宿星组的还有青丘七星，是南方的蛮夷之国。军门两星，顾名思义是军营的大门。土司空四星，与秋季亮星土司空重名，轸宿中的土司空是司掌水土，同时也负责疆界勘定的官员。器府三十二星在轸的南边，遗憾的是今天我们已经无法说清楚它们究竟对应哪些星了。

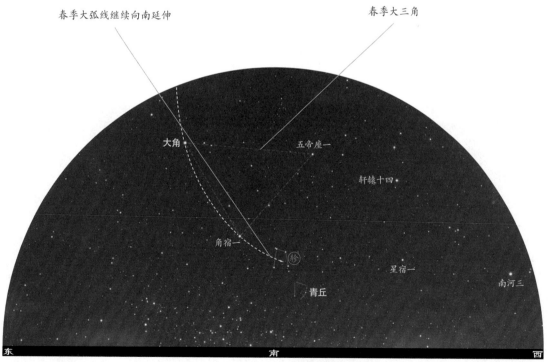

北纬 35 度地区 5 月中 21 点左右的南方天空

轸宿——风驰电掣车行疾

"轸"字本义与车相关，可以解释为车后的横木或与"舆"同义，即为车厢。"辖"在今天是管辖的意思，但它的本义也与车有关，是防止车轮从车轴上脱落的小部件。所以轸即为天上的车。车不仅是交通工具，也是商周时代重要的战争装备，因此轸宿主要用来占卜兵戈战事。

《史记·天官书》不仅认为轸是车，还认为轸和箕一样也主风。古代和风相关的星官还不止这两个，比如《孙子兵法·火攻》称："日者，月在箕、壁、翼、轸也，凡此四宿者，风起之日也。"意思是以火攻击敌军，要选好日子，月亮行经箕、壁、翼、轸四个星宿时，就是起风的日子。月亮每个月都会经过这四个星宿，这不就是说每个月至少有四天要刮大风吗？其实这些无非是古人基于簸箕扬起时产生风、墙壁下能避风、翅膀扇动产生风、车辆行驶产生风之类望文生义的联想罢了。

《黄帝占》中还明确了轸的另一个重要功能，就是用来占卜王侯的寿命。王侯众多，为了区分开来，特地将长沙星和左辖、右辖两星并入轸宿一同入占，其中长沙星主管寿命长短，星明则寿命长，左、右辖则分管同姓王侯和异姓王侯。

中西对照

长蛇座（Hydra）是全天最大的星座，每年4、5月间，我们可以看到它从西到东横贯整个南部天空。这也是一个古老的星座，在巴比伦的境界石上就能找到它的形象。

六分仪座（Sextans）是波兰天文学家赫维留（Johannes Hevelius）创设的星座，据说赫维留有一架使用了20多年的心爱六分仪，后来在一次火灾中不慎被烧毁。为纪念这架为他立下汗马功劳的六分仪，他将长蛇座与狮子座间的一片空白区域命名为六分仪座。

巨爵座（Crater）是传说中阿波罗的酒杯，也有人认为它属于酒神狄俄尼索斯。

乌鸦座（Corvus）本是阿波罗的宠物，因为爱说谎，而受到神的诅咒，被钉在天宇之上。但同样的四颗星在阿拉伯人眼中是沙漠中的帐篷，而日本人则认为是扬起的风帆，到了中国又成了疾驰的战车。

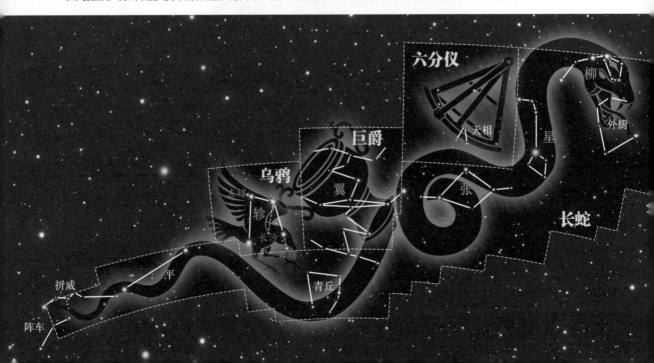

长沙——以星之名

在轸宿之中，有一颗很不起眼，但名字早已广为人知的星，它就是——长沙星。在女宿章节我们介绍过天津星，是先有星后有城，而长沙却不同，是先城而后星。据史书记载，长沙作为地名出现已经有 3000 多年的历史了，春秋时期即为城市名，秦代设长沙郡，西汉为长沙国。长沙作为荆楚重地，在分野中属轸宿，因此在古人天人合一的思想指导下，星占家就将轸宿内的一颗小星命名为"长沙"了。唐代张谓作的《长沙风土碑铭》写道："天文长沙一星，在轸四星之侧。上为辰象，下为郡县。"后人还把长沙叫"星沙""星城"，唐代诗人韩愈在一首吟咏长沙风光的诗中就写道："绕郭青山一座佳，登高满袖贮烟霞。星沙景物堪凝眺，遍地桑麻遍圃花。"

东瓯、青丘——南方战场的敌人

"兵者，国之大事，死生之地，存亡之道，不可不察也。"战争事关国家的兴衰存亡，自然也是星占家们关注的重点，他们特意在星空中设置了三处规模宏大的战场。一处是以垒壁阵、羽林军为主的北方战场。一处是昴、毕周围，对抗胡人的西北战场。还有一处就是在翼、轸、角、亢、氐、房、心诸宿南边，专门针对东瓯、青丘等南方蛮夷的南方战场。浙江温州一带古称"瓯"，当地人自称瓯越，亦称东越，为古百越的一支，因而其地称东瓯。"青丘"一词常出现在古籍中，《山海经》中有青丘之国；《淮南子》中有青丘之泽；《吕氏春秋》中有青丘之乡。后来，青丘之名泛指边远的蛮荒之地，如隋炀帝讨高丽的诏书中有一句："青丘之表，咸修职贡。"意思是青丘以外的地方，都来进贡。因此青丘星也是指代蛮夷之国。所以不论是东瓯还是青丘，都是与中原政权对立的南方少数民族势力，是南方战场中敌对的一方。与这两个星官紧邻的轸宿，就是冲锋陷阵的一支战车部队，已对敌人的据点——长沙（相对于中原来说，地处楚地的长沙也属于蛮夷之地），形成包围之势。由骑阵将军率领的骑官、车骑、从官、积卒等组成的主力部队紧随其后，库楼则是这支南方部队在前线驻扎的兵营。

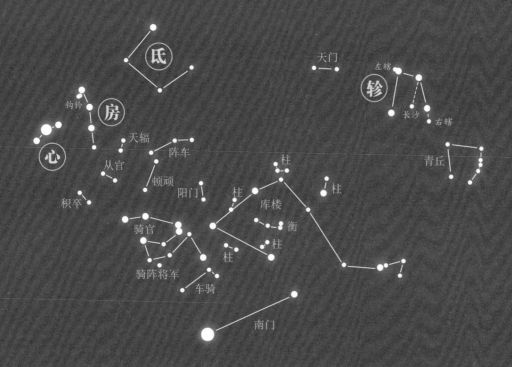

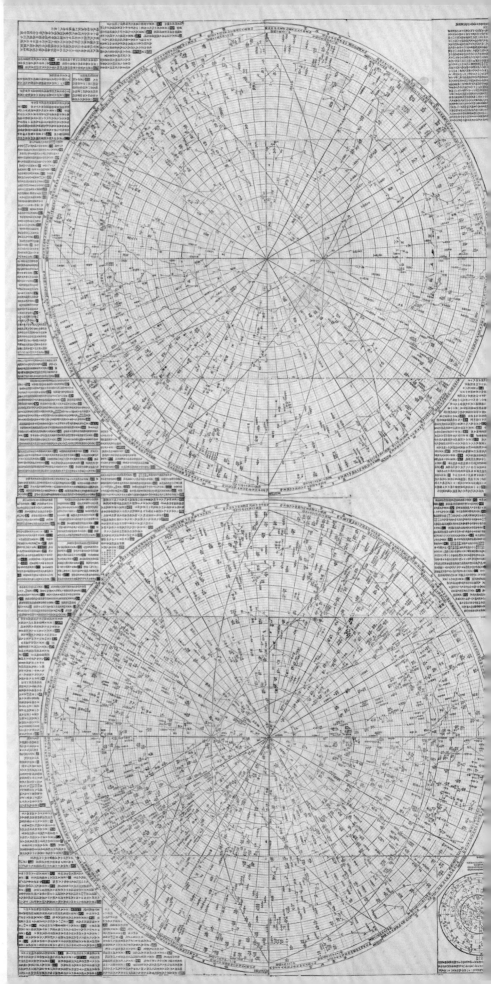

《恒星赤道经纬度图》（托勒密博物馆韩鹏先生提供）

此图绘于清咸丰元年（1851年），作者六严为民间天文学者，全图由48幅小图拼接而成，主体为赤道北极与南极星图各一幅，依据《仪象考成》绘制，除正星外还包含全部增星，是当时最详尽精确的中国星图。

第七章

南极诸星

南极诸星

马腹

蜜蜂

三角形

孔雀

波斯

鹤

南极诸星
注

南极诸星中未志　壁奎之下鸟喙是

鸟喙朗朗七星明　其上即是鹤十二

喙东十八孔雀星　异雀十二近南极

孔雀之上即波斯　三角形上房心次

蜜蜂四星三角东　轸翼尽头架十字

小斗九星南船南　南船五星海州识

南船左右十一星　海石五星海山六

附白夹白黄极边　夹白三星附白一

金鱼五尾七飞鱼　蛇首蛇腹星各四

欲知蛇尾又七星　上边即是娄奎壁

此星原非见界星　利氏西来始能述

经天该中亦未言　今据历书为补足

寻找南极诸星——海平线下的神奇

　　介绍完三垣二十八宿，似乎中国传统的星官已经历数殆尽，但纵使这近三百个星官，并不能覆盖整个天球。在北方中纬度只能看到多一半的星空，只有到赤道附近才能将全部星空尽收眼底。自古以来，中国的政权中心大多在北方、中原附近，极少有在地理纬度低的南方建立政治文化重地的，因此中国传统的星官系统并不够完备。

　　倘若来到海南三亚，南天低空处的星星会让熟悉北方星空的人眼前一亮：明亮如十字架状的四颗星；一黄一白并肩排列的两颗亮星……对于这些南方星辰，古人也并非一无所知，唐代一行组织天文测量，有人远赴交州进行观测，看到"老人星下，环星灿然，其明大者甚众，图所不载，莫辨

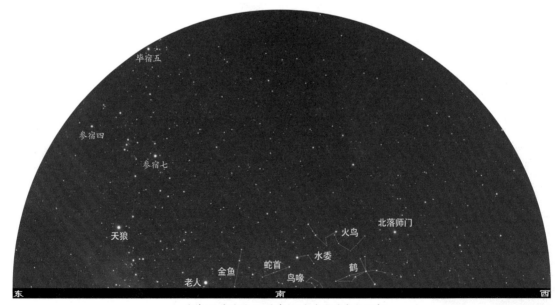

北纬20度地区12月中21点左右的南方天空

注："南极诸星"为清代梅文鼏针对明末认星歌诀《经天该》所做的补充，一般称为"补歌"。

其名。"唐代诗人元稹也有"规外布星辰"的诗句。但是对于星占而言传统星官体系已经十分完备，没有进行扩展的必要。因此直到明末西学东渐的年代，这些南方诸星才被补入中国的星官系统中。而它们与中国传统星名迥异的称谓：孔雀、异雀、火鸟、海石、十字架、三角形等，则是由西方大航海时期设立的星座改头换面而来的。

海外异兽志——南天的后补星官

其实中国星官系统中有一些已经非常靠南，比如老人、器府、九坎、车骑等，古代中原的天文学家能对它们有所认识已属不易。明代郑和下西洋时，用到一些南天亮星来判断方位，这些星都有自己的名字，中国南部沿海的渔民们对它们也非常熟悉，但这些星终归没有被纳入正统的星官体系中。

大部分后补的南天星官都是些珍禽异兽，其名称基本来源于西方星座的意译，比如孔雀、异雀、鸟喙、火鸟、鹤、飞鱼、金鱼分别对应孔雀、天燕、杜鹃、凤凰、天鹤、飞鱼、剑鱼等西方星座。蛇首、蛇腹、蛇尾组合起来便是西方的水蛇座，不过蛇尾已甩进南极座，蛇首二星也分别位于水蛇座和网罟座。蜜蜂对应于苍蝇座，之所以有蜜蜂和苍蝇的区别，是因为苍蝇座最初就叫蜜蜂座，后来才改为苍蝇座。马腹和马尾实际是半人马座的一部分。另外还有一个"波斯"，是从印第安座变化而来，可能是因为印第安对古代的中国人来说太陌生，所以用熟悉的波斯来代替。

此外，近南极星官中还包括南船、海石、海山、水委、三角形、十字架、夹白、附白、小斗等。南船虽名字和西方南船座一致，均来自希腊神话中的"阿耳戈"号，但小了很多。海石和海山在南船的两侧，象征海里的礁石和岛屿，可以认为它们来源于阿耳戈号历险途中遭遇的撞岩。在众多意译的星官中，"小斗"的名字显得非常特殊，它位于西方的蝘蜓座中，由于该星座靠近南天极，而且形如斗，正好和北天极附近的北斗相呼应，所以才有了这个非常中国化的名字。

全天星官尽显——徐光启与南天星官

最早补充南天星官的是明末认星歌诀《经天该》（亦称《西步天歌》），其中首次出现了马腹、马尾、水委和火鸟四星官。水委位于波江座的尽头，"委"是末、尾的意思。火鸟为"Phoenix"的意译，是西方传说中浴火重生的神鸟。这四个星官都是广东、广西一带的地平线上能观测到的。

对于近南极星官的设立，不能不提及天文学家徐光启。明朝末年，徐光启组织编纂《崇祯历书》，采用西方先进的原理和方法，提高了历法精度。作为编历基础的恒星测量工作也受到了高度重视，在传教士汤若望等人的协作下，《崇祯历书》以西方航海 12 星座为基础，添加了近南极的 23 个星官（包括《经天该》中出现的 4 官），共计 126 星。至此张衡"在南者不著，故圣人弗之名焉"的遗憾得到了弥补，中国星官与当今国际通用星座一样，成了仅有的两个覆盖全天的星座体系。可惜此时徐光启已步入风烛残年，没能看到新历全部完成，而大明王朝也同样气数将尽。不久，大清立国，汤若望献上修订的历书及星图，正好符合了改朝换代的要求。清代，近南极星官又经历了几次调整，至乾隆年间《仪象考成》问世，虽然 23 个星官未变，但星数已变为 130 颗，另有增星 20 颗。

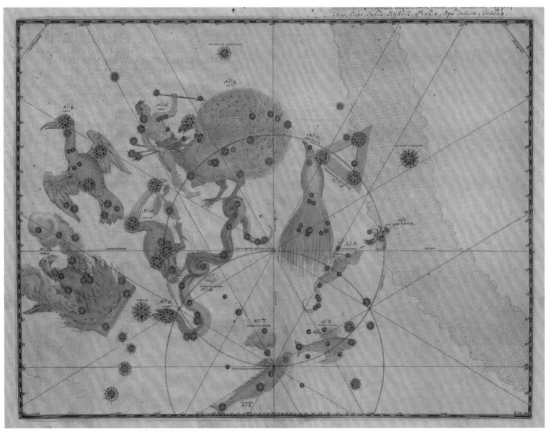

1603 年，拜尔《测天图》中的航海 12 星座（托勒密博物馆韩鹏先生收藏），明末设立南天星座时，拜尔的星图也是主要参照之一。

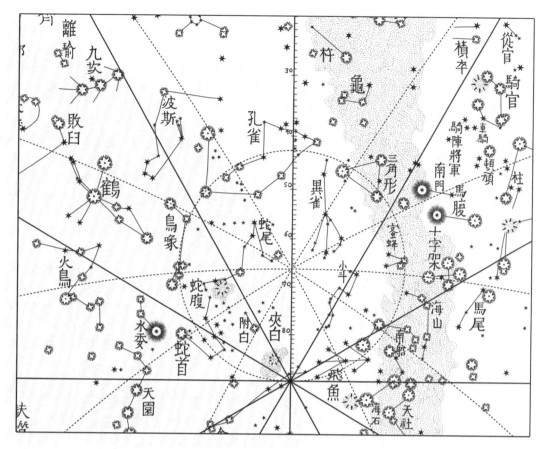

1723年戴进贤《黄道总星图》（摹本）中的近南极星官

夹白与附白——两团奇怪的白气

　　南天后补星官大多是动物或其他具象的事物，只有两个星官让人摸不着头脑，一个是夹白，位于金鱼和蛇首之间；一个是附白，在蛇尾附近。如今有一种观点认为，夹白和附白指示了南天中的两个天体——大、小麦哲伦星云。这两个天体肉眼可见，皆云雾状有如白气，它们因麦哲伦环球航行时的翔实记录而得名。不过这两个天体并非星云，而是星系。银河系在宇宙中并不孤独，它拥有众多的伴星系，大、小麦哲伦星云就是最大而且距离银河系较近的两个"小伙伴"。

大麦哲伦星云　　小麦哲伦星云

Steed & 夜空中国（网站），摄于肯尼亚安博塞利

中西对照

中国的近南极诸星官脱胎于西方南极附近的星座。而欧洲人对南极附近星座的认识同样也很晚，16~17 世纪的大航海时代，人们跨越赤道，到达南半球，才涌现了对南天星座"发现"的热潮。1595~1597年，探险家彼得·凯泽（Pieter Keyser）和弗雷德里克·豪特曼（Frederich de Houtman）创造了 12 个南天星座（后世称航海 12 星座）。这 12 个星座基本包括了南天极附近的亮星，它们是天燕座（Apus）、蝘蜓座（Chamaeleon）、剑鱼座（Dorado）、天鹤座（Grus）、水蛇座（Hydrus）、印第安座（Indus）、苍蝇座（Musca）、孔雀座（Pavo）、凤凰座（Phoenix）、南三角座（Triangulum Australe）、杜鹃座（Tucana）、飞鱼座（Volans）。1603 年，拜尔在其出版的《测天图》中采纳了这些星座，使它们广为流传。

在古希腊时代，南十字座（Crux）曾是半人马座的一部分，但由于岁差的缘故，渐渐被人们所遗忘，15~16 世纪时又被欧洲人重新发现。天鸽座（Columba）最早在 1592 年由荷兰人普朗修斯（Petrus Plancius）标注在星图上。

1763 年法国天文学家尼古拉·路易·拉卡耶（Nicolas Louis Lacaille，又译作尼古拉·路易·拉卡伊）在其星图中新设了 14 个南天星座。拉卡耶一改用动物命名星座的传统，多用当时新发明的科学仪器和航海绘图工具来命名，这些星座包括唧筒座（Antlia）、雕具座（Caelum）、圆规座（Circinus）、天炉座（Fomax）、时钟座（Horologium）、山案座（Mensa）、显微镜座（Microscopium）、矩尺座（Norma）、南极座（Octans）、绘架座（Pictor）、网罟座（Reticulum）、玉夫

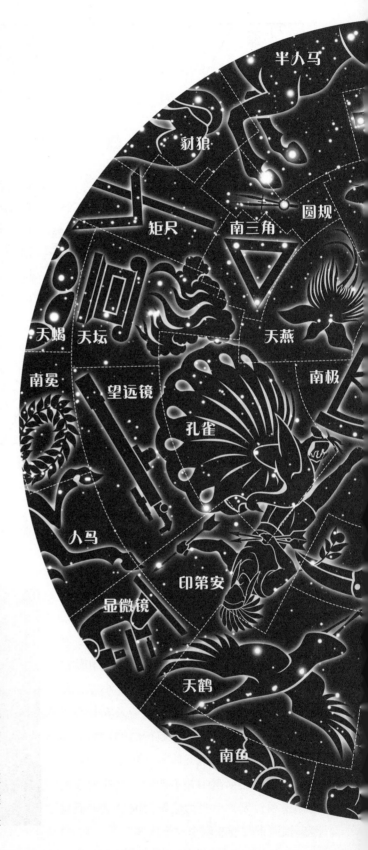

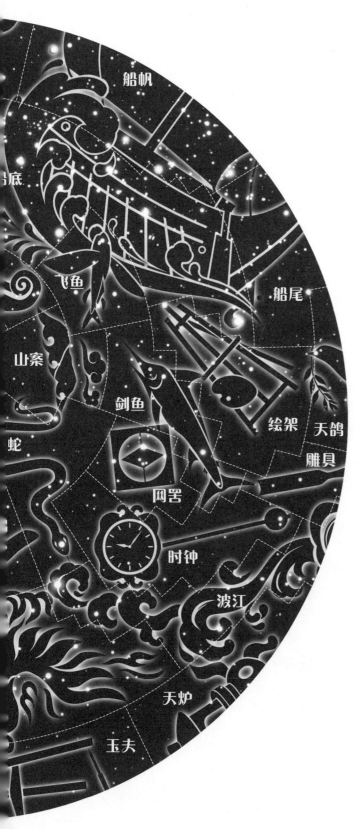

座（Sculptor）、望远镜座（Telescopium）、罗盘座（Pyxis）。

此外，拉卡耶还将南船座拆分为船尾座（Puppis）、船帆座（Vela）、船底座（Carina）三个部分。

这些后设的星座名称都很直白，也没有什么神话故事可言，但有些星座的中文译名容易让人产生歧义，故我们对这些星座名称作一些简要介绍。

天燕座的原型是生活在新几内亚的极乐鸟。

蝘蜓座其实是我们俗称的变色龙。

天鹤座也曾被称作火烈鸟座，其形象是一只大红鹳。

杜鹃座的形象是一只巨嘴鸟。

唧筒座是 17 世纪时发明的真空泵。

天炉座指的是化学反应炉。

山案座得名于拉卡伊观测南天恒星的南非开普敦"桌案山"。

南极座原意是"八分仪"，因它包含南天极，所以被称为南极座。

网罟座是望远镜上的定位十字丝。

玉夫座本意是雕刻家的工作室。

徐光启和汤若望等设立近南极星官是在明末崇祯年间，主要依据的是拜尔星图及汤若望的老师格林伯格（Christophori Grienberger）1612 年出版的星表和星图，那时绘架、网罟等南天星座尚未设立，因此中国星官中也找不到它们的影子。

附录1

丹元子步天歌

东方七宿

角宿

南北两星正直悬	中有平道上天田	总是黑星两相连	别有一乌名进贤	平道右畔独渊然
最上三星周鼎形	角下天门左平星	双双横于库楼上	库楼十星屈曲明	楼中柱有十五星
三三相著如鼎形	其中四星别名衡	南门楼外两星横		

亢宿

四星恰似弯弓状	大角一星直上明	折威七子亢下横	大角左右摄提星	三三相对如鼎形
折威下左顿顽星	两个斜安黄色精	顽西二星号阳门	色若顿顽直下存	

氐宿

四星似斗侧量米	天乳氐上黑一星	世人不识称无名	一个招摇梗河上	梗河横立三星状
帝席三黑河之西	亢池六星近摄提	氐下众星骑官出	骑官之众二十七	三三相连十次一
阵车氐下骑官次	骑官下三车骑位	天辐两星立阵傍	将军阵里振威霜	

房宿

四星直下主明堂	键闭一黄斜向上	钩钤两个近其傍	罚有三星植钤上	两咸夹罚似房状
房下一星号为日	从官两个日下出			

心宿

三星中央色最深	下有积卒共十二	三三相聚心下是

尾宿

九星如钩苍龙尾	下头五点号龟星	尾上天江四横是	尾东一个名傅说	傅说东畔一鱼子
尾西一室是神宫	所以列在后妃中			

箕宿

四星其形似簸箕	箕下三星名木杵	箕前一黑是糠皮

北方七宿

斗宿

六星其状似北斗　魁上建星三相对　天弁建上三三九　斗下团圆十四星　虽然名鳖贯索形
天鸡建背双黑星　天籥柄前八黄精　狗国四方鸡下生　天渊十星鳖东边　更有两狗斗魁前
农家丈人斗下眠　天渊十黄狗色玄

牛宿

六星近在河岸头　头上虽然有两角　腹下从来欠一脚　牛下九黑是天田　田下三三九坎连
牛上直建三河鼓　鼓上三星号织女　左旗右旗各九星　河鼓两畔右边明　更有四黄名天桴
河鼓之下如连珠　罗堰三乌牛东居　渐台四星似口形　辇道东足连五丁　辇道渐台在何许
欲得见时近织女

女宿

四星如箕主嫁婆　十二诸侯在下陈　先从越国向东论　东西两周次二秦　雍州南下双雁门
代国向西一晋伸　韩魏各一晋北轮　楚之一国魏西屯　楚城南畔独燕军　燕西一郡是齐邻
齐北两邑平原君　欲知郑在越下存　十六黄星细区分　五个离珠女上星　败瓜之上瓠瓜生
两个各五瓠瓜明　天津九个弹弓形　两星入牛河中横　四个奚仲天津上　七个仲侧扶筐星

虚宿

上下各一如连珠　命禄危非虚上呈　虚危之下哭泣星　哭泣双双下垒城　天垒团圆十三星
败臼四星城下横　臼西三个离瑜明

危宿

三星不直曲为之　危上五黑号人星　人畔三四杵臼形　人上七乌号车府　府上天钩九黄晶
钩下五鸦字造父　危下四星号坟墓　墓下四星斜虚梁　十个天钱梁下黄　墓傍两星能盖屋
身着皂衣危下宿

室宿

两星上有离宫出　绕室三双有六星　下头六个雷电形　垒壁阵次十二星　十二两头大似井
阵下分布羽林军　四十五卒三为群　军西众星多难论　仔细历历看区分　三粒黄金名铁钺
一颗珍珠北落门　门东八魁九个子　门西一宿天纲是　电傍两黑土公吏　螣蛇室上二十二

壁宿

两星下头是霹雳　霹雳五星横著行　云雨之次曰四方　壁上天厩十圆黄　铁锧五星羽林傍
土公两黑壁上藏

西方七宿

奎宿

腰细头尖似破鞋	一十六星绕鞋生	外屏七乌奎下横	屏下七星天溷明	司空右畔土之精
奎上一宿军南门	河中六个阁道行	附路一星道傍明	五个吐花王良星	良星近上一策名

娄宿

三星不匀近一头	左更右更乌夹娄	天仓六个娄下头	天庾三星仓东脚	娄上十一将军侯

胃宿

三星鼎足河之次	天廪胃下斜四星	天囷十三如乙形	河中八星名大陵	陵北九个天船名
陵中积尸一个星	积水船中一黑精			

昴宿

七星一聚实不少	阿西月东各一星	阿下五黄天阴名	阴下六乌刍藁营	营南十六天苑形
河里六星名卷舌	舌中黑点天谗星	砺石舌旁斜四丁		

毕宿

恰似丫叉八星出	附耳毕股一星光	天街两星毕背旁	天节耳下八乌幢	毕上横列六诸王
王下四皂天高星	节下团圆九州城	毕口斜对五车口	车有三柱任纵横	车中五个天潢精
潢畔咸池三黑星	天关一星车脚边	参旗九个参车间	旗下直建九斿连	斿下十三乌天园
九斿天园参脚边				

觜宿

三星相近作参蕊	觜上座旗直指天	尊卑之位九相连	司怪曲立座旗边	四鸦大近井钺前

参宿

总有七星觜相侵	两肩双足三为心	伐有三星足里深	玉井四星右足阴	屏星两扇井南襟
军井四星屏上吟	左足下四天厕临	厕下一物天屎沉		

南方七宿

井宿

八星横列河中净	一星名钺井边安	两河各三南北正	天樽三星井上头	樽上横列五诸侯
侯上北河西积水	欲觅积薪东畔是	钺下四星名水府	水位东边四星序	四渎横列南河里
南河下头是军市	军市团圆十三星	中有一个野鸡精	孙子丈人市下列	各立两星从东说
阙丘两个南河东	丘下一狼光蓬茸	左畔九个弯弧弓	一矢拟射顽狼胸	有个老人南极中
春秋出入寿无穷				

鬼宿

四星册方似木柜	中央白者积尸气	鬼上四星是爟位	天狗七星鬼下是	外厨六间柳星次
天社六个弧东倚	社东一星名天记			

柳宿

八星曲头垂似柳	近上三星号为酒	享宴大酺五星守

星宿

七星如钩柳下生	星上十七轩辕形	轩辕东头四内平	平下三个名天相	相下稷星横五灵

张宿

六星似轸在星傍	张下只是有天庙	十四之星册四方	长垣少微虽向上	数星欹在太微傍
太尊一星直上黄				

翼宿

二十二星太难识	上五下五横着行	中心六个恰似张	更有六星在何许	三三相连张畔附
必若不能分处所	更请向前看记取	五个黑星翼下头	欲知名字是东瓯	

轸宿

四星似张翼相近	中央一个长沙子	左辖右辖附两星	军门两黄近翼是	门下四个土司空
门东七乌青丘子	青丘之下名器府	器府之星三十二	以上便为太微宫	黄道向上看取是

三 垣

紫微垣

中元北极紫微宫　北极五星在其中　大帝之座第二珠　第三之星庶子居　第一号曰为太子
四为后宫五天枢　左右四星是四辅　天乙太乙当门路　左枢右枢夹南门　两面营卫一十五
东藩左枢连上宰　少宰上辅次少辅　上卫少卫次上丞　后门东边大赞府　西藩右枢次少尉
上辅少辅四相视　上卫少卫七少丞　以次却向前门数　阴德门里两黄聚　尚书以次其位五
女史柱史各一户　御女四星五天柱　大理两星阴德边　勾陈尾指北极巅　六甲六星勾陈前
天皇独在勾陈里　五帝内座后门间　华盖并杠十六星　杠作柄象华盖形　盖上连连九个星
名曰传舍如连丁　垣外左右各六珠　右是内阶左天厨　阶前八星名八谷　厨下五个天棓宿
天床六星左枢在　内厨两星右枢对　文昌斗上半月形　稀疏分明六个星　文昌之下曰三师
太尊只向三公明　天牢六星太尊边　太阳之守四势前　一个宰相太阳侧　更有三公向西偏
即是玄戈一星圆　天理四星斗里暗　辅星近着开阳淡　北斗之宿七星明　第一主帝名枢精
第二第三璇玑是　第四名权第五衡　开阳摇光六七名　摇光左三天枪明

太微垣

上元天庭太微宫　昭昭列象布苍穹　端门只是门之中　左右执法门西东　门左皂衣一谒者
以次即是乌三公　三黑九卿公背旁　五黑诸侯卿后行　四个门西主轩屏　五帝内座于中正
幸臣太子并从官　乌列帝后从东定　郎将虎贲居左右　常陈郎位居其后　常陈七星不相误
郎位陈东一十五　两面宫垣十星布　左右执法是其数　宫外明堂布政宫　三个灵台候云雨
少微四星西北隅　长垣双双微西居　北门西外接三台　与垣相对无兵灾

天市垣

下元一宫名天市　两扇垣墙二十二　当门六角黑市楼　门左两星是车肆　两个宗正四宗人
宗星一双亦依次　帛度两星屠肆前　候星还在帝座边　帝座一星常光明　四个微茫宦者星
以次两星名列肆　斗斛帝前依其次　斗是五星斛是四　垣北九个贯索星　索口横者七公成
天纪恰似七公形　数著分明多两星　纪北三星名女床　此坐还依织女傍　三元之像无相侵
二十八宿随其阴　水火木土并与金　以次别有五行吟

附录 2

星图步天歌

三 垣

紫微垣

紫微垣卫应庭闱　五名北极象攸崇　天皇大帝勾陈里　迤西六足是天床
勾陈正北五珠圆　上辅之西少辅析　上少卫星仍按次　状如曲柄盖斯张
阶前六数是文昌　天乙居东太乙西　南指元戈单一颗　开阳当柄接摇光
斗中大理四堪窥

北极珠联五座依　北辰之位无星座　天柱稀疏五数臻　两星阴德极之西
五帝斯称内座联　上卫北迤为少卫　少丞亦莅北门边　盖北当门曲折排
半月勾形少辅傍　六舍天厨邻少弼　七星北斗丽长空　开阳东北辅星连
尊右天牢六数维

二是帝星光最赫　近着勾陈两界中　柱南御女四斜方　大理偏南数亦齐
一十五星营卫列　上丞居右北门栖　北门中处七成章　名为传舍九星偕
更有三师依辅近　五珠天棓宰东提　天枢西北斗魁张　相在衡南最近权
势四牢西方正式

一为太子亦呈辉　六数勾连曲折陈　柱史之南女史厢　四辅微勾当极上
两枢左右最居先　左枢上少宰星连　华盖为名象好详　舍西八谷交加积
尉南两个内厨房　天枪三数斗稍东　璇次玑权序自详　魁下太尊中正坐
中垣内外步无遗

庶子居三四后宫　大星近极体惟真　南列尚书分五位　北瞻六甲数堪稽
右枢少尉位居西　上弼微东少弼躔　门内杠星承九数　八谷迤南六内阶
厨前门右两星析　西是三公数亦同　再次玉衡居第五　太阳守位却南偏

太微垣

太微垣在势东南　东列中台势右明　左即明堂相对待　右垣五豆左如兹
中央五帝座惟真　东列三公数已含　郎将一星东北驻

势北名台位列三　势左下台皆两级　常陈正下两垣开　门东执法左称名
正北微东一幸臣　北属九卿三数莅　上垣俱向斗南求

东向少微斜四数　常陈七数斗南呈　门西执法右名宜　上相迤东次相迎
太子从官星各一　东依次将却南偏

长垣西向数同参　长垣南左是灵台　上将居南次将随　次将北东居上将
虎贲依序向西循　北瞻折节五诸侯

文昌勾次上台平　其数为三左亦该　次相后瞻为上相　内屏四数列前楹
屏东谒者一星参　郎位之旋十五传

天市垣

下垣天市太微东　女床一座数为三　次为郑晋河间位　中山西次九河躔
座西宦者四屏营　两星宗正四宗人　市楼六个依南海

列国圜围象着雄　床南天纪星连九　再次河中右壁修　又西赵魏左垣襄
西有斛星四角平　宗星惟二齐南莅　天市垣星步已全

北有七公承宰次　垣上弯还向好参　宋东南海北迤燕　廿二交环两卫墙
以次斗星为数五　屠肆微西两数臻

公南贯索九星充　西卫韩星第一筹　东海徐星次第连　帝座一星居正位
迤南列肆两星横　帛度双星屠肆前

贯索迤东天棓南　楚梁巴蜀及秦周　吴越一星齐又北　一侯东列近中央
侯左迤南序好循　楚南车肆二星连

东方七宿

角宿

太微垣左两星参　　角宿微斜距在南　　平道二星居左右　　进贤一座道西探　　五诸侯北有三星
周鼎为名列足形　　角上天田横两颗　　天门二数角南屏　　两个平星近库楼　　衡星楼内四微勾
库楼星十如垣列　　十一纷披柱乱投　　四楹内外竖衡南　　东植双楹北列三　　西北两珠皆库外
南门星象地平含

亢宿

角东亢宿四星符　　距在中南象似弧　　大角北瞻明一座　　摄提左右各三珠　　亢下横连七折威
阳门双列直南扉　　顿顽两个门东置　　车骑诸星向氐归

氐宿

氐宿斜敧四角端　　正西为距亢东看　　亢池大角微南四　　帝席三星角北观　　梗河三数席之东
一颗招摇斗柄冲　　天辐两星当氐下　　阵车三数辐西丛　　骑官十个顿顽南　　骑阵将军驻一骖
车骑三星临地近　　巴南天乳氐东探

房宿

氐东房宿四偏南　　距亦中南四直参　　两个钩钤房左附　　一珠键闭北东含　　东西咸各四星披
房北还应左右窥　　罚近西咸三数是　　上当梁楚两星歧　　西咸勾下日星单　　氐宿东南最易看
更向房西天辐左　　迤南认取两从官

心宿

心当房左向堪稽　　中座虽明距在西　　好向东咸勾下认　　三星斜倚象析析　　房南直指两星微
正界从官左畔归　　积卒斜瞻遥向处　　恰当心二着清晖

尾宿

尾莅心南向徂东　　九星勾折距西中　　西南折处神宫附　　傅说歧勾左畔充　　勾东北视一星鱼
北有天江四数居　　江指尾中当宋下　　龟星不见象非虚

箕宿

尾东箕宿象其形　　天市东南列四星　　舌向西张当傅说　　距为西北本常经　　尾勾正北一名糠
箕舌之西象簸扬　　南置杵星临地近　　象因常隐不须详

北方七宿

斗宿
斗宿依稀北斗形　衡中缺一六珠荧　箕之东北当东海　正界魁衡是距星　斗西天籥八星圆
南海鱼星两界间　东海迤东天弁是　徐南九颗折三弯　建星曲六弁南迎　建左天鸡两直行
两狗建南俱斗右　四星狗国又东倾　农丈人居斗下廛　鳖星十一丈人前　鳖东三数天渊是
半为尘蒙象未全

牛宿
六数交加宿号牛　正中为距斗东求　南三北二皆攒聚　罗堰三星宿左修　堰南四颗是天田
九坎田形近地边　牛北横三翘一者　天桴象与右旗牵　右旗曲折界齐东　河鼓斜三左畔冲
北列左旗形亦曲　旗皆九数鼓居中　天纪迤东天桴南　星名织女数为三　渐台四址中山左
辇道台东五数参

女宿
四星女宿对天桴　堰北牛东向不殊　距在西南应志认　北迤斜四是离珠　败瓜五数瓠瓜同
再北天津九类弓　七数扶筐天桴左　四为奚仲界筐东　女宿迤南列国臻　越东一郑两周循
周东赵二南齐一　北列双星并属秦　赵东楚魏各星单　代列秦东两数看　代右魏东三角似
南燕东晋北为韩

虚宿
两星遥接略斜参　虚宿为名距在南　北指司非星两颗　司危亦二向东探　正东司禄两星横
司命双星禄下呈　天垒城依秦代北　十三环曲宿南营　列国迤南坎北区　三星略折号离瑜
瑜东败臼南倾坠　四数微张若仰盂　天垒维东向好参　哭星两个近城南　哭东二数星名泣
危宿之南位易探

危宿
危宿弯三禄左屏　折中东企距南星　商迤盖屋星连二　坟墓居东四渺冥　危北人星略向西
天津南左四星栖　臼当人北东迤四　杵立三星臼上提　天津东北七星勾　车府为名杵北修
造父五星车府北　北瞻九数是天钩　盖屋微东坟墓前　虚梁四数向东偏　天钱五个离瑜左
哭泣迤南败臼边

室宿
危东上下两珠莹　距亦南星室宿名　雷电六星南向列　土公吏二电西营　离宫右四左双珠
室宿之巅六数敷　旋绕螣蛇星廿二　北瞻造父略南纤　天纲败臼左隅连　北落师门各一圆
垒壁阵星联十二　虚梁哭泣各星前　八魁左阵六星跻　铁钺三星略向西　四十五星三作队
羽林军在阵南栖

壁宿
东壁星当营室东　以南为距数攸同　北瞻天厩三微左　南有双星是土公　雷电微东位列前
星名霹雳五珠连　再南云雨星为四　俱在梁东阵上边　壁宿东南向最遥　五星铁锁远相要
壁南火鸟星连十　虽附南规象半昭

西方七宿

奎宿

十六星联莫拟形　壁东奎宿象晶莹　南西三颗中为距　南列微平七外屏　军南门傍宿之巅
阁道东翘六数连　翘接远通传舍北　适当华盖略东偏　阁道螣蛇两界中　王良五数舍南充
策依良北星惟一　附路良南数亦同　八魁微北向东探　铁锁迤西位好参　天溷四星屏下置
土司空又溷之南

娄宿

奎宿微南向徂东　三星娄宿距为中　北迤天大将军是　十一星联状似弓　左右更居宿两傍
东西各五数堪详　天仓六数穿天溷　天庾三星列在厢

胃宿

娄左三星胃宿名　以西为距着晶莹　外屏正左天囷列　十有三星近左更　天廪囷东四舍修
大陵胃北八星勾　天船九泛陵东北　尸水分投积一筹

昴宿

胃东昴宿七星临　距亦当西向下寻　西一天阿东一月　西南五数是天阴　天囷天庾两厢中
刍藁交加六数充　天苑环营星十六　天囷南畔藁之东　卷舌星当昴北缄　曲勾六数隐天谗
舌东月北斜方者　砺石为名四数函

毕宿

天廪迤东毕宿欹　距当东北八星歧　天街两颗微居右　附耳微东一数随　毕南天节八星彰
左列参旗九数扬　旗北天高星四颗　北瞻六数是诸王　诸王再北五车乘　内有天潢五数仍
三数咸池微后载　西三东六柱分承　参旗南向九斿援　旗左天关列一藩　斿右九州殊口六
苑南当地是天园

觜宿

天关正下宿名觜　参宿之巅界两歧　距是北星三紧簇　北东司怪四堪窥　天高司怪夹天关
共列诸王略次斑　北列座旗维数九　五车东北叠三弯

参宿

觜南参宿七星昭　距在中东自古标　中下伐星三颗具　西南玉井四星侨　宿南军井四西偏
前列屏星厕右边　屏左厕星为四数　一星名屎厕之前

南方七宿

井宿

参东向北八星存	西北先将井宿论	水府四星邻井右	井东三数是天樽	一珠积水北河三
五位诸侯又在南	南有积薪樽左一	钺星附距一珠含	井前水位四居东	四渎居西数亦同
位下南河三数具	阙邱渎下两星冲	井南厕左一天狼	军市狼南六数襄	市内野鸡星一数
九星弧矢市南张	弧矢迤西两个孙	子星再右丈人尊	屎南左右星皆二	一老人星向莫论

鬼宿

水位迤东鬼宿停	西南为距四方形	积尸一气中间聚	北视微西四燿星	鬼宿之前六外厨
厨南天狗七星图	再南天社星应六	天记居东止一珠		

柳宿

外厨近北鬼之前	两界之中略左偏	距是西星名柳宿	向南勾曲八星连	鬼宿之东列酒旗
向当柳宿北东基	轩辕略右须详认	旗是三星向左披		

星宿

酒旗直下七星宫	星宿为名距正中	天相三星居宿左	轩辕恰与上台冲	轩辕十六象之旋
御女还应附在前	轩左内平犹近北	四星正在势西边		

张宿

轩辕南徂宿名张	天相之前近处望	星宿略东堪志认	张为六数象须详	两珠左右各分牵
中有斜方四略偏	方际西星应作距	东邻翼宿式相连		

翼宿

张宿之东翼宿繁	太微右卫向南看	明堂正下重相叠	廿二星形未易观	南北星皆五数充
中如张六距攸同	接连上下之旋处	各有三星象最丰		

轸宿

太微垣下四星留	轸宿为名翼左求	西北一星详认距	翼南轸右七青邱	轸为方式象宜参
内附长沙一粒含	辖其两星分左右	左依东北右西南		

《星图步天歌》载于清代道光二十五年（1845 年）成书的《仪象考成续编》卷三。原名就叫《步天歌》，因此卷内容包含星图和步天歌，卷首名为"星图步天歌"，所以称为《星图步天歌》以便与《丹元子步天歌》相区别。此歌作者不明，可能是道光年间钦天监人员的集体创作。由于我们今天所使用的中国星名均源自《仪象考成》与《仪象考成续编》，与《丹元子步天歌》存在诸多不同，虽然《丹元子步天歌》在中国星官传承中起了不可替代的作用，但由于前述原因，如果今天仍依其认星必然导致误解。所以研习今日中国星官，笔者推荐大家阅读《星图步天歌》。

附录 3 国际通用星座图

北天星图

NORTHERN HEMISPHERE

南天星图

鲸鱼　波江　天炉　玉夫　南鱼　摩羯　宝瓶　天鹰

凤凰　天鹤　印第安　人马　盾牌　巨蛇

时钟　杜鹃　显微镜

雕具　剑鱼　网罟　水蛇　孔雀　望远镜　南冕

天兔　天鸽　给架　南极　山案　天坛　蛇夫

猎户　飞鱼　堰蜓　天燕　矩尺

船尾　船底　苍蝇　南三角　圆规　豺狼　天蝎

大犬　罗盘　南十字　半人马

麒麟　唧筒　天秤

长蛇　乌鸦　室女

巨爵

六分仪

SOUTHERN HEMISPHERE

参考文献

[1] 伊世同. 中西对照恒星图表 [M]. 北京：科学出版社，1981.

[2] 伊世同. 全天星图 [M]. 北京：中国地图出版社，1987.

[3] 潘鼐. 中国恒星观测史 [M]. 上海：学林出版社，2009.

[4] 陈遵妫. 中国天文学史 [M]. 上海：上海人民出版社，2006.

[5] 陈久金. 星象解码 [M]. 北京：群言出版社，2004.

[6] 陈已雄. 中国古星图 [M]. 香港：康乐及文化事务署，2007.

[7] 王玉民. 星座世界 [M]. 辽宁：辽宁教育出版社，2008.

[8] 卢央. 中国古代星占学 [M]. 北京：中国科学技术出版社，2007.

[9] 刘金沂，赵澄秋. 中国古代天文学史略 [M]. 石家庄：河北科学技术出版社，1990.

[10] 陈久金. 帝王的星占：中国星占揭秘 [M]. 北京：群言出版社，2007.

[11] 冯时. 中国天文考古学 [M]. 北京：中国社会科学出版社，2007.

[12] 郑慧生. 认星识历：古代天文历法初步 [M]. 开封：河南大学出版社，2005.

[13] 江晓原. 星占学与传统文化 [M]. 上海：上海古籍出版社，1992.

[14] 黄一农. 社会天文学史十讲 [M]. 上海：复旦大学出版社，2004.

[15] 陈志辉. 星宿故事系列文章 [J]. 中国国家天文，2011-2012.

[16] 藤井旭. 奇诺的星空日历 [M]. 阎美芳，译. 北京：中国轻工业出版社，2002.

[17] 杰弗里·科尼利厄斯. 漫天星斗 [M]. 马永波，译. 北京：中央编译出版社，2001.

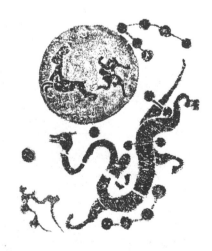